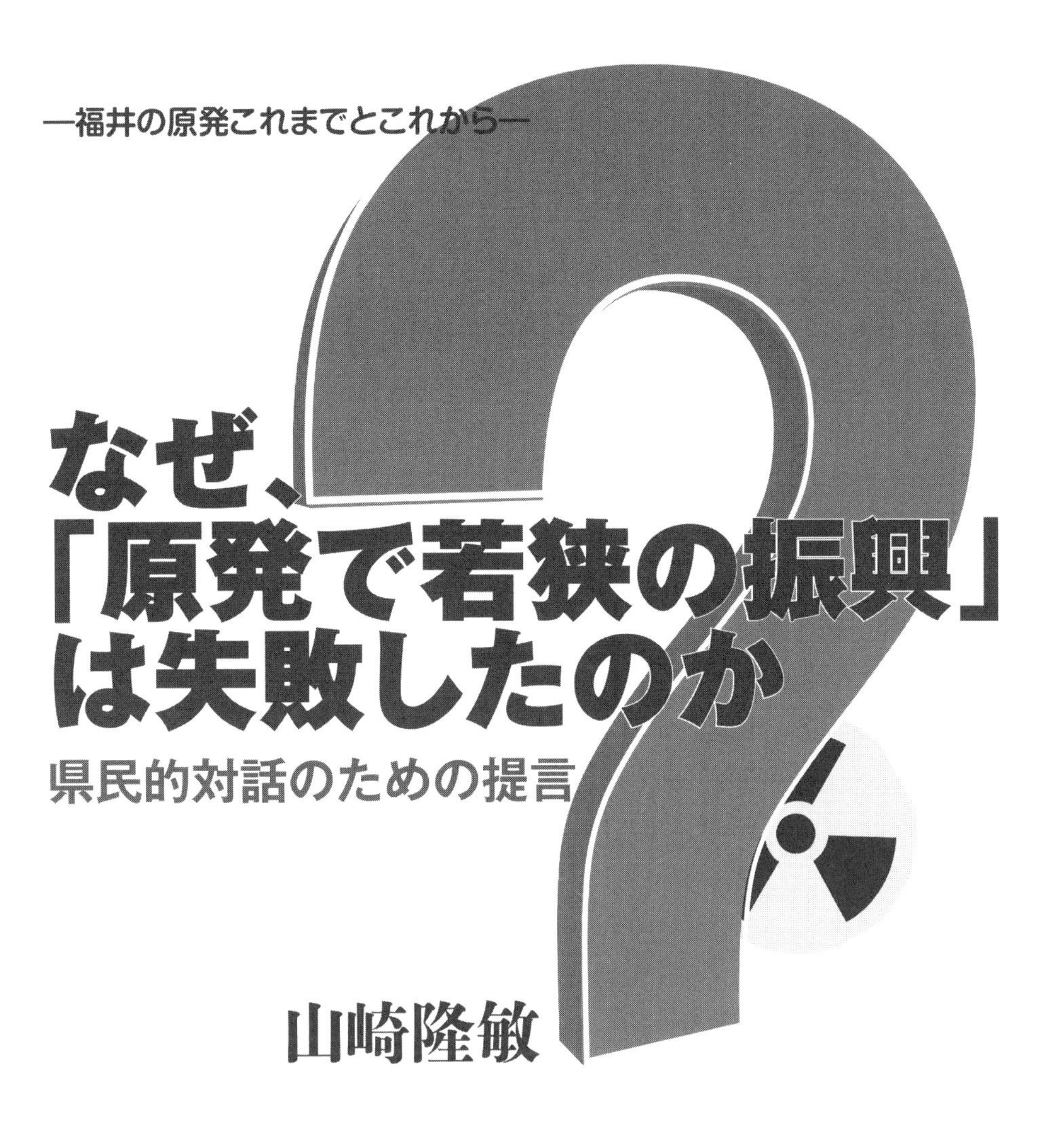

—福井の原発これまでとこれから—

なぜ、「原発で若狭の振興」は失敗したのか

県民的対話のための提言

山崎隆敏

白馬社

◉目次

はじめに　6

「原発はまだ必要」と信ずる皆さんに／原発の時代は終わった／原発の電気はもともと安くない／プールにあふれる使用済み核燃料／余命宣告を受けたに等しい原発の現在／敦賀・若狭は事実上の最終処分地か／原発は衰退産業／専制国家となって原発を継続するのか／地域の経済や雇用はどうなるか／原発依存からの脱却は可能

1　原発廃止後の未来を対話しよう！　16

脱・原発依存に進まざるをえない二つの事実・変化／崖っぷちに立たされているのは原発推進派／立地住民との深い対話を求めて／原発はもう役割を終えた／丁寧に合意形成を！／原発の是非の議論を封じてきたのは／本物の保守は「脱原発」／28人の県議、高浜原発の再稼動に賛成／原発賛成県議と支持者の「美しき」誤解／自民県議が暴く「原発推進のインチキ」／千万人といえども我ゆかん／政治家の変節と虚言

2　原発で地域は振興できたのか？　30

福井県立大のレポート／福井県「原発15基体制の総括」／伸びない嶺南の製造品出荷

額と雇用／60年代、嶺南の方が（一人当り出荷額）多い／伸び悩む嶺南の観光／「双子の町」の「御曹司」と「苦学生」／観光は原発とは極めて相性が悪い／脱「原発」浜おこし　原発企業に頼る生活はつまらない

3　原発と自治体財政　48

原発の福井県経済への直接的メリットは少ない／これからも原発に依存しなければならない／原発依存の時代は終わった／自立をむしばむ電源三法交付金／県の歳入総額に占める原発税収は2％／福井県と徳島県の決算比較／固定資産税収増えて地方交付税がバッサリ／「原発の次は原発」「麻薬中毒」／原発をやめたら夕張市に転落？／原発税収を失っても75％のお金は戻る／敦賀市の財政（近隣市との比較）／原発のない町の方が国の財源配分率が高い／国庫支出金が実質減額／原発市町の財政悪化＝健全財政への過渡期／南越前町が美浜・高浜の原発マネーを超えた！／原発動いても財政縮小は避けられなかった／普通の自治体に近づいた原発立地市町／再生モデルは将来負担比率0の池田町／膨らみすぎた立地市町の財政／引き返す以外に自治体再生の手だてはない／財政にゆとりあるうち脱・原発依存を！／痛みの緩和策を政府に一緒に訴えよう／「廃炉交付金」制度について／原発関連企業　おおい町・高浜町で60社／原発停止で「深刻な影響」業者は少ない／未来へ展望を示すとき。「財源依存も脱却を」

4　原発のゴミ問題の議論を始めよう　76

アベノミクス不況で苦しむ全国の中小企業／西川知事は原発推進の強い意志／原子力政策の破綻を認める資源エネルギー庁／原子力カルトの呪縛から解き放たれるとき／引き受け先の無い使用済み核燃料／使用済み核燃料で「貯蔵ビジネス」？／使用済み核燃料を「野ざらし」にする暴論／原子炉は解体せず長期間　密閉管理すべき／放射能汚染の鉄材が鍋やフライパンになる／クリアランスレベルの現在の基準／被曝労働で生み出されるのは放射能瓦礫だけ／解体作業が先に進まぬ「ふげん」／ドイツの「廃炉ビジネス」は成功しているのか

5　私たちは、どんな社会　どんな国をめざすのか　94

予言の自己実現／原発を受け入れた福井県民は愚かなのか／若狭の立地住民の抵抗小史／放射能は出さない約束のはずだった／一部の業界と政治家による利権政治／焼け太りの電源三法交付金—多くが利権事業に／核燃料税も「原発があるために必要となる事業」に使われている／巨費４２０億円の原子力防災道路（敦賀・若狭）／停止中でも年に１兆２千億円の維持管理費／原発安全工事費に３兆３千億円／ビジョンをもたぬ日本の政治家／地域主権を取り戻す／ドイツは田舎が元気—豊かさを生む地方自治／地方議会は八百長と学芸会／公共政策を診断する基本的な考え方

あとがき　116

はじめに

「原発はまだ必要」と信ずる皆さんに

「経済のために原発は必要」と純粋に信じている皆さんを「貴方はだまされている。原発には経済性がない」と、諭すつもりはありません。あえてそのような努力をする必要はないのです。なぜなら、政府の原発推進の掛け声とは裏腹に、すでに原子力政策はどん詰まりの崖っぷちに立たされているからです。政治家を含む国民の多くが今だに気づいていませんが、推進派にとっての危機は、福島原発事故のかなり前から始まっていました。

原発の時代は終わった

福島原発事故の以前から、原子力政策の破綻は自明だったのです。「原発の時代は終わった」と私たちが確信を持って新聞折込チラシなどに書きはじめたのは、岩波の『世界』がそれをタイトルに冠した一九八八年頃でした。

その『世界』で、同志社大の室田武教授（「原子力の経済学」の著者）は、「袋小路の原子力発電」と題し、「安い原子力」の宣伝は破綻していると論じました。

原発をすべて止めても電力供給に支障がないこともわかっていました。電力会社の水力・火力・原発の年間稼働率は、たとえば関電の場合、水力20％台・火力30％台・原発70％台です。夜間や土日の休日などは電気の使用量が½から⅓に落ちこみますが、原発はその需要変動にあわせて出力を調整することができません。そのため原発をベースロード電源に置かざるをえず、調節可能な水力や火力を休ませることになったのです。

水力・火力・原発の稼働率を同率にして原価計算すれば、原発の電気は決して安くならないのですが、異なる稼働率のまま割り出した原価を比較するというアンフェアな手法で、原発の電気が一番安いと国民を欺

私たちはずっとだまされてきた。
原発の電気は安くなかった。
（2000年のデータ）

電源	Kw 単価	稼働率
水力	11円	30％以下
火力	9円39銭	39.5％
原発	7円11銭	84.2％

稼働率をそろえると

電源	Kw 単価	稼働率
火力	9円39銭	39.5％
原発	14～15円	39.5％

世界1988年５月

いてきたのです。

また、高コストの原発建設に注力しすぎたことや電力独占体制のため、一九九〇年以降は日本の電力料金が世界一高くなっていました（二〇〇一年以降は電力の一部自由化により世界2～3位になりました。現在は家庭用が3位・産業用が2位）。

原発の電気はもともと安くない

市場原理主義の米国では三十数年間、新規原発の計画がありませんでした。原発には経済競争力がないからです。また、社会民主主義の強い西欧でも電力自由化とも相まって脱原発が進みました。地方分権社会の欧米では、住民の声が政治に反映されやすいという要素もあります。

日本でも二〇〇〇年に電力の一部自由化がはじまると、企業や自治体の電力会社離れ（原発15基分）が進みました。その年には、原発の監督官庁である経産省

正誤表

９ｐ　「関電の筆頭株主である大阪府をはじめ京都府や兵庫県などの庁舎でも関電から電気を買わなくなりました」→

「大阪府をはじめ京都府や兵庫県などの庁舎でも関電から電気を買わなくなりました（大阪市は関電の筆頭株主。京都市、神戸市も大株主）。」に訂正。

１７ｐ　「再稼動」→「再稼働」に訂正。他の頁の「稼動」も「稼働」に訂正。

１９ｐ　「橋本知事」→「橋下知事」に訂正。

原発コスト「安さ」崩れる

石油・石炭より割高 推進に影響か

今年度のエネ庁試算

朝 1/22

発電コストの推移（キロワット時当たり）

20円 15 10 5 0

石油 石炭 原子力

51年度 53 54 55 56 57 58 59 60 61

「最も安い電力」という一枚看板のもとに通産省と電力業界が推進してきた原子力発電が、肝心の発電コストの面で、安い海外炭を使う石炭火力発電を初めて上回っているほか、これまで割高だった石油火力発電にも逆転されていることが分かった。通産省・資源エネルギー庁の六十一年度の試算によると、前年までキロワット時当たり一円差のあった原子力と石炭の発電開始時点での原価がついに肩を並べ、同十二円となった。しかも、原子力の試算には、原価の一割とされる老朽原子炉の解体費用や放射性廃棄物の処分費用が含まれておらず、この費用を上積みすると発電コストは石炭を上回る十三円強にもなる。原発には放射能事故への不安がつねにつきまといながら、低コストという経済性を前面に打ち出して建設が促進されてきただけに、「原発神話」の崩壊は各地の原発建設に深刻な影響を与えそうだ。

五十一年度から始まった通産省の電源別発電原価試算は、新しい発電所が完成したとして初年度の発電原価がいくらになるかを、水力、石油火力、石炭火力、LNG（液化天然ガス）火力、原子力についてそれぞれモデルプラントを設定して計算してきた。五十一年度は、キロワット時当たりの原価が石油九・六円、石炭九・五円に対して原子力は五・七円と大幅に安かった。その後も、この原価試算は原発の優位を裏付けるデータとして活用されてきたが、原発建設費用の高騰で年々、格差は縮まり、五十九年度、六十年度は原子力の十三円に対して石炭は十四円と一円差になっていた。

六十一年度の発電原価は、円高による燃料の輸入価格の低下が建設費上昇分を上回ったため、各電源とも前年コストを下回った。なかでも全コストに占める燃料比率の高い石油（燃料比率五割）が七円減の十円、L

朝日新聞1986年1月23日

「原発安くない」業界〝本音〟

公的支援要請検討 試算自ら否定

朝日 2001 1/11

電力業界が原発コスト削減に向けた新たな公的支援を求めるのは、本格競争が迫り、原発の経済性の欠点がはっきりしてきたからだ。国策である原子力推進を業界頼みにしてきた政府と、経済性を優先させざるを得ない業界の「本音」との差が大きくなっており、自由化論議は原子力政策そのものの議論に飛び火しつつある。

サイクル政策に影響も

「1キロワット（kW）時あたりの発電単価は原子力が5・9円、天然ガス火力が6・4円、石油火力が10・2円」

電力業界の代表も加わった政府の総合エネルギー調査会（当時）原子力部会は99年12月、原発コストの安さを示す試算を発表し、原子力推進の大きな論拠になった。新たな公的支援の要請は、業界が自らこの試算を否定することになる。

だが、これは法律で15、16年になっている投資の償却期間について、40年に延ばすことで、建設費が4千億円前後と巨額な原発を燃料費の比率が高い火力より有利に見せていた結果でもある。

現実の経営は法律上の

朝日新聞2001年1月11日

をはじめ霞ヶ関の省庁が東電の電気を買わなくなりました。省庁はこれで電気代を2〜3割削減したのです。原発の電気は安くないことを端的に示す象徴的な出来事でした。同じように、関電の筆頭株主である大阪府をはじめ京都府や兵庫県などの庁舎でも関電から電気を買わなくなりました。

政府エネ庁は一九八六年、原価の一割とされる老朽原発の解体費用や廃棄物の処分費用を含めると、13円／kw時強になると発表し、低コストの「原発神話」は崩壊しました。ちなみに石炭火力は12円でした。

そして、電力業界も二〇〇一年に、原発の電気は安くない」と本音を漏らしていました。

プールにあふれる使用済み核燃料

「袋小路の原子力発電」の現状は、今日さらに悪化しています。その一つが、全国の原発サイトの使用済み核燃料プールが数年（平均）で満杯になるという、原発推進側にとってゆゆしき問題です。原発の定期検査で新しい燃料と交換された使用済み燃料は、青森県六ヶ所村の再処理工場に運ばれて再処理するというのが、「核燃サイクル」の筋書きですが、高速増殖炉もんじゅが頓挫し、「核燃サイクル」の歯車に狂いが生じているため、使用済み燃料を六ヶ所村に送り出すことができません。

　再処理で生ずるプルトニウムを高速増殖炉で使うことができなければ、青森県は使用済み燃料の再処理そのものを拒むでしょう。そうなれば青森県は、これまでに再処理工場に搬入された使用済み燃料を全国の原発立地県に返還するとまで言っています。なぜなら使用済み核燃料もプルトニウムもすべて青森県で保管しなければならなくなり、このままでは下北半島は核のゴミの墓場になってしまうからです。かつて、青森県に危険な再処理工場を押し付けられたことを憤り、国を激しく弾劾した「みちのく銀行」の頭取がいましたが、反核燃の県民運動がこれまで以上に激しく燃えあがるでしょう。

　福井県の西川知事は、使用済み燃料を関西の人たちが引き取れと主張し、それに同調する県議もいますが核のゴミをおいそれと引き受ける自治体などあるでしようか。二〇一二年、西川知事のこの要請に、奈良県の生駒市長が「中間貯蔵を当市で引き受けたい」と申し出ました。しかし生駒市長は、一週間後にそれを撤回しています。首長にとって文字通り首が飛ぶ問題だと気づいたのでしょう。

　二〇一六年六月、規制委員会は運転40年を超えた高浜１・２号の運転延長を認めました。関電の試算では二機の安全対策工事費は約２０００億円。再稼働までのタイムラグを勘案し約16年の運転が可能として、年間コストは約１２５億円にのぼるが、経済的に成り立つといいます。（東洋経済二〇一六年六月二一日）

しかし、高浜１号の使用済み核燃料のプールの空き容量は、残り約２・５年。２号は３・２年です。１〜４号の共用プールの分が５・８年あっても、３・４号機も動かすなら、それぞれ1～2年増える程度です。16年も運転を続けることなど無理なのです。

余命宣告を受けたに等しい原発の現在

二〇一二年に私は、福井大学の学長と議論をしました。原発の運転を続けるべしと気楽に語る学長に私は「仮に原発が動いても、数年先にプールが満杯になります。プールが満杯になれば、定期検査で燃料を交換することができません。つまり原発の運転ができなくなるのです。その議論からはじめましょう」と問いかけました。

私たちは今こそ、この現実をしっかり認識しなければなりません。そして、このまま漫然と原発を続けることが、立地市町の将来にとって本当に得になるのかどうかを真剣に見極めなければならないのです。

冒頭で「政治家を含め国民の多くがいまだに気づいていない」と書きましたが、朝日のような大新聞の記者でさえ、いまだに大きな勘違いをしています。

【朝日新聞は社説で、20～30年後を見据えた「原発ゼロ社会」を提言してきた。当面どうしても必要な原発の再稼動を認めつつ、危険度の高い原発や古い原発から閉めてゆくという考え方である】

（二〇一六年七月六日）

「当面どうしても必要な原発」が本当にあるかどうかの議論はここでは置くとして、再稼動すれば、使用済み核燃料でプールが満杯となるのは20～30年後ではなく数年先のことです。「20～30年後を見据えた提言」など、笑い話しにもなりません。

敦賀・若狭は事実上の最終処分地か

二〇一五年十月六日、政府は、原発敷地内外を問わず、使用済み燃料の中間貯蔵施設などの建設・活用を進める自治体に交付金を交付することを閣議決定しました。中間貯蔵といっても、放射線と熱で腐食する容

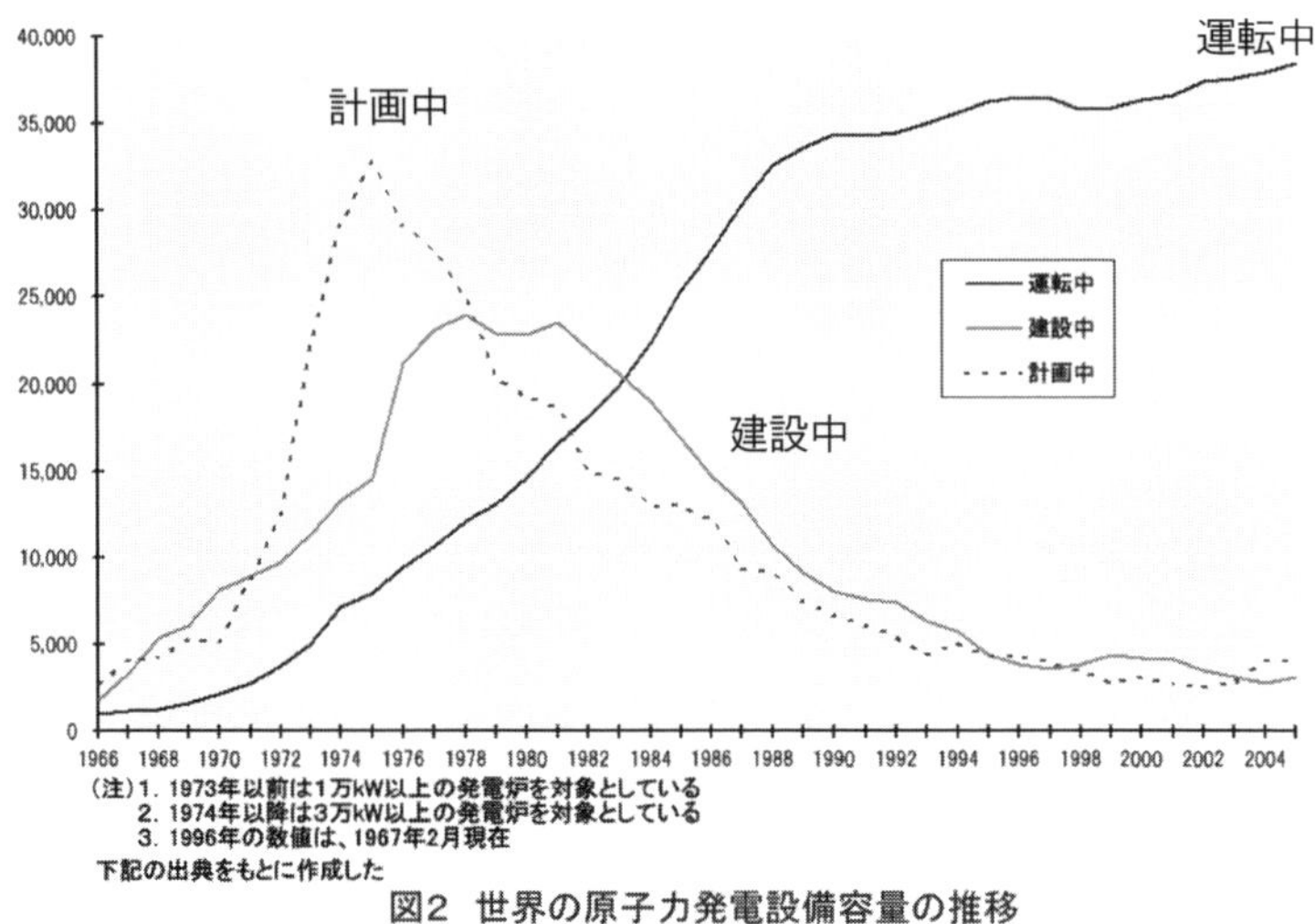

図2 世界の原子力発電設備容量の推移

［出典］（社）日本原子力産業協会：世界の原子力発電開発の動向 2005年次報告（2006年5月）、p.64、p.88-129

器を50年ごとに交換し続け、五百年もの間「暫定保管」するというもので、事実上の最終処分地となります。

確かに、いずれはどこかの町が引き受けなければならないものです。しかし、誰が引き受けるかの議論は原発の運転をやめることが前提でなければなりません。原発の運転を継続し、放射能のゴミをずるずると作り続けるために中間貯蔵施設を建設するなどもってのほかです。

原発は衰退産業

（社）日本原了力産業協会が作成した前頁の図「世界の原子力発電設備用利用の推移」を見て下さい。60年代から右肩上がりに伸びている実線が、世界で運転中の原発の総容量です。この線はこのまま右肩上がりに延びてゆくのでしょうか。それはあり得ません。

なぜなら、計画中の原発（破線）は、一九七五年をピークに、右肩下がりに急降下しています。建設中の原発も一九八一年から急降下しています。つまり、二〇〇〇年以降は、老朽化による廃止も多くなる一方、計画中や建設中も少ないため、まもなく右上の実線（運転中の原発）も急降下してゆくでしょう。「エネルギー・経済統計要覧二〇一〇年版」㈶エネルギー総合工学研究所）を見ると、すでに二〇〇七年からその兆候が現れています。

先進国では原発は衰退産業です。日本だけが例外たりえません。原発への飽くなき執着は、かつて日本が辿った歩みに酷似しています。戦闘機・空母の時代に大艦巨砲主義にこだわって建造され、たやすく撃破された戦艦大和・武蔵。あるいは技術を過信し巨費を投じながら満足な航海もできず廃船となった原子力船むつ。日本は沈みゆく原発と無理心中してはなりません。

専制国家となって原発を継続するのか

そもそも原発は経済的に割に合わないことがはっきりしているため、この世界の流れは変えられません。確かに近年になって、インド・中国・ロシアなど、原発を積極的に建設している国もあります。しかし、それらの国々は、反対住民など踏みつぶしてでも原発を建設してしまう強権的な専制国家です（三峡ダム予定地の住民百二十万人の強制移住を見よ）。国家の安全保障（体制維持）のためなら、人権を犠牲にすることなどいとわない国々です。原発の推進を主張される皆さんは、日本を中国やインドのように非民主的で専制的な国家にすることを望んでいるのでしょうか。

自民党の新憲法草案では、「人権」の言葉さえ抹消されていますが、このままゆけば日本も再び強権的な専制体制の国になります。原発に固執する自公政権は、「国家のエネルギー安全保障」のためにという理由で、反対住民を捕縛してでも使用済み燃料の中間貯蔵施設を建設強行し、原発の運転を永続的に可能にしてしまうつもりなのでしょうか。

地域の経済や雇用はどうなるか

さて、福島原発事故の後、原発立地の市町でも「原発が危険なものということは十分わかった。すぐに止められるのであれば止めてほしい」の声が増えたのは事実です。しかし、「止められるのなら止めてほしい」が「地域の経済や雇用はどうなるのか」と安ずる人が多いのも事実です。

そこで本書では、原発を立地した地域の40年間の経済、雇用、住民の暮らしなど、収集した客観的データを見ながら、今後の地域政策の展望について考察したいと思います。

結論を先に書きます。原発を立地した自治体には多額のお金が流れこんだものの、40年目にしても、ついに持続的自立的な地場産業（観光も含む）の発展にはつなげられませんでした。「原発との共存」ならぬ「原発に依存する」偏頗（へんぱ）な地域社会が出来上がってしまったからです。

これは私の思い込みや偏見などではありません。原発が運転を開始してから15年目、20年目、30年目、40年目のそれぞれの節目で、他ならぬ原発を進めてきた自治体や公的な研究機関が、そのことを嘆じつつ繰り返し報告してきているのです。

原発依存からの脱却は可能

また、原発を立地した市町の現在の財政も、原発を持たない市町並みの財政に落ち着いてきました。原発立地市町の財政が窮屈になったのは、福島原発の事故後、原発が停止したからではありません。福島原発事故のかなり前から進みつつあった症状です。この点も注意して見てゆきたいと思います。

原発は地域に役立たず

知事、誤り認める

臨工優先で遅れた嶺南

県会特別委

朝日新聞1985年10月２日

膨張した財政が収縮してゆく過程では、自治体運営も窮屈さをかこつ事態を避けられませんが、原発をやめても立地市町の財政は破綻などしません。原発依存の地域経済からの脱却は可能ですし、努力するほかに道はないのです。

『日経ビジネス』は、パナソニックや富士通、日野自動車など、大企業の工場閉鎖で税収や雇用に大きな影響を受けた全国の企業城下町の自立に向けた動きを次のように紹介しています（二〇一二年十一月十九日号）。

【全国各地の企業城下町で、地域経済の自立に向けた挑戦が始まった。地域の命運を特定の企業に委ねるのではなく、自らの力で切り開こうとする動きが全国の企業城下町にも広がりつつある。】

全国の企業城下町が「もう大企業には頼らない」と決意し努力しているのです。原発立地の町も、原発は国策だからと必要以上の甘えは許されません。

1 原発廃止後の未来を対話しよう！

脱・原発依存に進まざるをえない二つの事実・変化

私は再稼動を容認する人たちに「脱原発は可能」と自説を一方的に押し付けるつもりはありません。しかし、原発依存からの脱却を志向せざるをえない二つの変化の兆候が、すでに福島原発の事故前から現れていました。

一つは原発立地市町の財政が、普通の自治体並みに戻りつつあるという変化です。もう一つは、原発を動かし続ければ行き場のない使用済み核燃料がサイトのプールにあふれ、数年先には運転の継続が不能になる（燃料交換ができなくなるため）という、むしろ推進派にとって深刻な事態が3・11以前から進行していたという事実です。

たとえば、高浜原発3・4号機は、運転を再開しても、7～8年でプールがいっぱいになり運転不能となります。仮に福島原発事故がなければ、残された運転可能年数はあと3年しかありませんでした。好むと好まざるとに関わらず原発依存を続けられなくなる日が目前に迫っているのです。

この二つの「変化・事実」を再稼動容認・反対の双方の県民に冷静に認識していただきたい。そして容認・反対にこだわらず、この共通の事実認識のもとで原発廃止後の敦賀・若狭の行く末についての全県民的な対話を始めましょう。

崖っぷちに立たされているのは原発推進派

二〇一二年春、民主党の衆議院議員（当時）の呼びかけで「原子力・エネルギーのあり方を真剣に考える」シンポが越前市で数回開催されました。その議論の成果をもとに脱原発政策の提言書をまとめ、民主党政府に提出することになり、私もスタッフの一員としてその作業に加わりました。

ところが、呼びかけ人の自治体首長の何人かが提言書の提出に難色を示したため、急きょ「考える会」の事務局会議が開かれました。そこには福井大学学長（当時）や連合会長（北電労組委員長）、日本原電社員の敦賀市議なども出席していました。その場で学長は「福島の事故は人災であり、古い原発も耐震強化工事を施せばまだ使える」と原発を擁護しました。

とうぜん私は反論しました。

「フクシマ事故以前に廃炉措置が決まった浜岡1・2号機は、耐震工事や部品交換などで数千億円もの費用がかかることがわかり廃炉となった。しかも、原発の機器や配管などは短周期（ビリビリ振動）の揺れに弱い。耐震工事で配管が揺れないよう固定すれば、かえって短周期の揺れに共振しやすくなり、原発の危険性がより増すこともわかっている。耐震工事は経済的にも見合わないばかりか、原発を安全にすることもできません」

学長は続けて主張します。

「アジアの国々が原発を大規模に進めようとしているとき、日本だけがせっかく築き上げた原発の技術を放棄するのは愚。ドイツは脱原発を選択したが、フランスから原発の電気を輸入している」

情報の一面だけを切りとり誇張するのは政府や電力会社が行ってきた詐欺的宣伝の手口と同じです。私はこう反論しました。

「欧州では国境を越えたネットワークで電力が売買され、一年間のトータルではドイツは売り越しています。冬場などに電力の不足するフランスにドイツは自然エネルギーの電気を輸出しているのです」

日本列島は、阪神大地震いらい半世紀にわたる地震の活動期に入っています。地震大国で原発を動かすことこそ極めて危険な愚策です。しかし、私は、その議論をそれ以上はせず、次の提案をしました。

「たとえ原発を動かせても、数年先に原発サイトのプールは使用済み燃料で満杯となり、運転不能となります。私たちはその間の〝原発震災〟を心配するため再稼動に反対しますが、今の状況ではむしろ原発推進派の皆さんたちの方が崖っぷちに立たされていると言えます。廃棄物問題は賛成反対を超えた共通の課題です。この問題で議論しましょう」

残念ながら、民主党政府に提言書を提出する試みは失敗しましたが、同じ福井県に住む県民として、原発を廃止した後も、若狭の人々と共に繁栄してゆく道をさぐってゆきたいのです。たとえば、原発を止めてゆくにあたり暫定的な政府の支援が必要だというのであれば、立地自治体の皆さんと協力してそれを政府に求めてゆく県民運動を起こすべきだと私は考えています。

立地住民との深い対話を求めて

原発の街で取材活動をしている記者が、東京や大阪で反原発デモに参加しているグループを取材し、立地自治体の人々の声を背景に自らの思いを綴っています。記者は、デモ参加者に次のように伝えたそうです（中日新聞二〇一五年一一月二二日）。

町民たちが電気を送り続けてきたことに誇りを持ち、頭ごなしの原発の否定は町の歩み自体の否定だと感じていることを。それを「生活のために推進しているだけ」とみなし、一刀両断に片付けていいのか、と。

記者は、その理由を次のように書いています。

日ごろの取材で思うのは、もっと根深いところで脱原発への反感があることだ。そう感じたのは、原発誘致を最前線で担ったある町（おおい町）の元助役に半世紀近く前にさかのぼる当時の話を聞いたときだ。穏やかな口調が突然、激しくなった。

「苦難の末に原発を受け入れ、電気を送ってきた私たちの町の歩みを、少しだけでいい、見てください」

表情が変わったのは「原発は全部止まるにこしたことはない」という橋本大阪市長の発言に触れたとき。「国策に協力して電気を送り続けてきた」と力を込める元助役は、関西の首長たちが手のひ

（第3種郵便物認可）　中日新聞　15.11.22　2

ニュースを問う

2015.11.22 中日

原発の街からデモに突撃取材

立地住民と深い対話を

…団の人々は一瞬花が咲いたような笑顔になり、快く迎えてくれた。

「東京新聞（中日新聞東京本社）ですよね」

脱原発が旗印の東京新聞は反原発グループにとって「頼もしい味方」に映るのだろう。だが、私が原発が集中立地する福井県で取材していると伝えると、一様に困惑した表情に変わる。年配の男性が質問してきた。

「福島であれほどの原発事故が起きて、今も大勢の人が避難を余儀なくされている。それなのに、なぜ立地地域の人たちは原発に賛成するんでしょうか」

決めつけの論理

私は逆に問い返した。「なぜだと思いますか？」

男性は、少しためらいつつ「雇用が原発に支えられ、電力会社の寄付金や原発マネーが町の隅々に行き渡っているからでしょう」と答えた。

関西でも突撃取材を試みた。大阪市北区の関西電力本店ビル。金曜夜、「再稼働反対」の横断幕のもとで意見交換会を開く一団に取材を申し込んだ。少し警戒の色を浮かべつつも「せっかくなら」とマイクを手渡された。東京と同じ質問をすると、年配の男性が手を挙げた。

「やはり原発でご飯を食べている人が多く、電力会社の寄付金などで町の財政が支えられていることが、大きいのではないでしょうか」

平井　孝明（小浜通信局）

その決めつけが間違っている、というつもりはない。しかし、日ごろの取材で思うのは、もっと根深いところで脱原発への反感があることだ。

そう感じたのはことし初めのこと。原発誘致を最前線で担ったある町の元助役に半世紀近く前にさかのぼる当時の話を聞いたときだった。穏やかな口調が突然、激しくなった。

「苦難の末に原発を受け入れ、電気を送ってきた私たちの町の歩みを、少しだけでいい、見てください」

表情が変わったのは「原発は全部止まるのに越したことはない」という橋下徹大阪市長の発言にふれたとき。「国策に協力して電気を送り続けてきた」と力を込める元助役は、関西の首長らが手のひらを返したように唱える原発不要論に、涙を見せながら憤った。

一九五〇年代に台風で甚大な被害を受けた町は、農業振興、企業誘致などさまざまな策を試みた上で原発誘致に踏み切った。安全性にも関電側に厳しく…してきた自負もある。

…は毎週金曜の夜、脱原発に向けた意見交換会を行う市民グループが集まっている

デモの現場で、率直に伝えた。町民たちが電気を送り続けてきたことに誇りを持ち、頭ごなしの原発の否定は町の歩み自体の否定だと感じていることを。それを「生活のために推進しているだけ」とみなし、一刀両断に片付けていいのか、と。デモの参加者らは、うなずきながら「立地地域は、大きな電力を都会に与え続けてきてくれた。そのことは本当に感謝している」と頭を下げた。

しかし、最初の質問に答えた男性は「おっしゃることはよく分かります。でも、この街を見てください」と、夜もビルの明かりがあふれる大阪の中心部を指さした。

「人が生きるために、これほどのエネルギーが必要でしょうか。エレベーター、エスカレーターを皆が使い、夜も昼のように明るいこの街。原発というリスクを抱えながらこの状況を維持していくべきなのか、考えるときがきているのではないでしょうか」

機会を設けたい

多くの反対派が訪れるようになったある町の住民が「私たちの暮らしぶりは見ようともしない。原発にしか目がいってない」と不満を抱く声も伝え、どう思うか尋ねた。

福島事故を機にデモに参加するようになったという五十代の女性は「私も立地地域に反対運動に行くことはあるが一日限り。でも、それは分かってほしい」と話した上で、「直接話をする機会が確かに必要だと思う。お互いの意見をぶつけ合う場があってもいい。そうしないと、分からないこともあると思うから

…」「また…しい、町民と…つくりたい」…い、取材を終…「脱原発」は、間違って…地元でも、将…のなら原発が…やない、との…では、地元で…役割を終えた…には、どうす…東京で、デ…「あくまで国…ていく。地元…言うつもりは…た。だが、そ…進むだろうか…まずは、立…するのが重要…立地地域の住…がはっきり見…な展望にむけ…出せるのでは…

「ニュースを問う」へのご意見は、〒460 8511 中日新聞編集局…

中日新聞2015年11月22日

らを返したように唱える原発不要論に涙を見せながら憤った。

デモ参加者は「あくまでも国に脱原発を訴えていく。地元の人をどうこう言うつもりはない」と主張した。だが、それで議論は前に進むだろうか。まずは、立地の実情を直視するのが重要だ。脱原発派と立地地域の住民、お互いの顔がはっきり見えてこそ、新たな展望にむけた第一歩が踏み出せるのではないだろうか。

原発はもう役割を終えた

大阪の橋本知事のように「手のひらを返したように」原発に反対しはじめた知識人や政治家に違和感を覚える元助役の心情を、私は逆の立場からですが理解できます。とはいえ、若い記者は「苦難の末に原発を受け入れた」という元助役の言葉に過剰に感情移入してしまったのではないか、と私には思えてなりません。

大飯町では一九七一年に、町民や議会に相談せず計画を進めた町長のリコール運動が起き、新町長が建設中の工事を三ヶ月ストップさせるという日本の原発開発史上初めての事態も生まれました。そうした住民の抵抗への対応に苦慮したという意味では、確かに「苦難の末に」であったのでしょう。でもそれは、元助役の側からだけ見た一面の真実に過ぎません。

この問題は、先の大戦の戦争責任の議論によく似ています。若狭で大事故が起きていないから元助役は「国策に協力してきた(だけ)」との回顧談で済ませられますが、仮に大事故が起きていたなら、どのような事情であろうと誘致を進めた元助役の「戦犯」責任は免れ得ません。

それに、子孫への国家的犯罪ともいえる原発ゴミの処分の困難さについては早くから警鐘が鳴らされていました。原発ゴミの問題に目を閉ざしたまま「国策に協力してきた」と開き直ることは許されないはずです。もちろん、未来世代に顔向けできないのは元助役だけではありません。事ここに至った深刻な状況を力不足のため許してきた私たち県民も同罪です。

記者は最後に「地元でも、将来的に無くせるのなら原発が必ずしも必要じゃない、との声が多数派だ」と書き「原発はもう役割を終えた、と地元でも認識されるにはどうしたらよいか」と問いかけています。

この問いには本論で私なりに答えたいと思います。

丁寧に合意形成を!

保守の若手論客の中島岳志・北海道大学准教授が記者の質問に答えています。(二〇一六年一月七日朝日)

記者「原発推進派と反対派のすれ違いが目立ちます」

中島「常識を取り戻し、丁寧に物事を進めることです。脱原発なんて、そう簡単にはできない。原発産業に従事する人がいて、原発に依存する地方があり、誇りを持って原発を推進してきた技術者

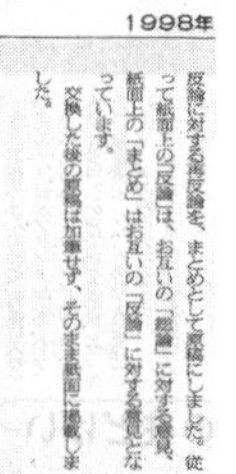

企画特集　福井新聞　1998年

反論に対する再反論を、まとめとして紙面にしました。従って紙面上の「反論」は、お互いの「総論」に対する意見、紙面上の「まとめ」はお互いの「反論」に対する意見となっています。

交換した後の原稿は加筆せず、そのまま紙面に掲載しました。

プルサーマル公開討論会

プルサーマル　原子力発電所の使用済みの燃料を再処理して取り出したプルトニウムをウランと混合し、軽水炉で利用すること。全国では2000年までに4基、2010年ごろまでには16－18基で実施するとの計画が電気事業連合会から公表されている。本県では5月、県が高浜3、4号機でのプルサーマル計画について、国の安全審査開始を了承した。

若狭連帯行動ネットワーク　原子力発電所の在り方について考える福井、大阪の住民らで構成するグループ。原発についての研修会の開催、県や関西電力に対する反対の申し入れ活動を行っている。

紙上討論会

関西電力の主張

若狭ネッ

福井新聞1988年７月５日

がいる。その当たり前のことを前提にしながら、合意形成をしていく。それ以外に道はないと思います。」

私も「丁寧に合意形成をする」ことに賛成です。しかし、現状では反対派と推進派の対話の機会など、裁判所以外のどこにもありません。とくに福島原発の事故後は電力会社も政府機関もガードを硬くし一方的な説明会以外、市民との対話を拒んでいます。

福島事故の以前には、公開討論の機会が曲がりなりにもありました。例えば私たち（若狭ネット）は、一九九七年に越前市で高速増殖炉もんじゅを運営する「動燃事業団（現在は原子力研究開発機構）」との公開討論会を開催しました。動燃は、ナトリウム火災事故を起こした「もんじゅ」の威信回復のための広報活動の一貫として位置づけ、対話を継続するつもりは無かったようですが、市民主催による公開討論会は福井では初めてのことでした。

このときは、作家の広瀬隆さんや若狭ネットの長沢啓行（大阪府大教授）・橋本真佐男（神戸大教授・故人）・山田耕作（京大教授）さんたちが、①ナトリウム漏洩事故、②もんじゅの耐震性、③プルトニウムリサイクルの有効性と安全性、をテーマに動燃事業団と討論しました。市民が推進・反対双方の研究者に質問を投げかけ、双方が議論する。そのやりとりを市民が傍聴する形です。どちらの主張が納得できるものか、それを判断するのは市民です。

一九九八年にも、関電と、高浜3・4号機で予定されていたプルサーマル運転の安全性と必要性をテーマに公開討論会を開催しました。福井新聞の2面を用い若狭ネットと関電との「紙上討論」も並行して行われたのは画期的でした。すべて関電の広報費でまかなわれましたが、私たちも遠慮せず手厳しく批判を加えました。このような前例がありながら、公開討論に応ずる電力会社はその後ありません。

原発の是非の議論を封じてきたのは

地方では、反対の意見を持つ少数者を異端視する傾向が根強くあります。私は民衆の保守的性向性を否定はしません。それは、日々の平安のみを願い、狭い集落内での摩擦を避けて生きる日本の民衆の生きる知恵でもあるからです。それに「同調圧力」はどんな組織・社会にでもあることです。

ともあれ、周囲の目を気にしながら世過ぎ身すぎをする庶民の保守性を逆手に、原発の是非の議論を封じてきたのは、原発を進めてきた自公政府およびその周辺で利権をあさる人々です。

本物の保守は「脱原発」

今日の政治を壟断する「利権保守」は、日々の平安だけを願う「生活保守」庶民の臆病さと無関心に乗じ

河野村長が自民離党

原発絡み？ 村議の行動に同調

清水金二
河野村長

　河野村の清水金二村長は十一日、自民党からの離党届けを同党県連あてに郵送した。

　同村では、日本原電敦賀原発の増設に反対を訴えていた。しかし県会で増設促進請願を自民党会派が採択、これを不満とし、反対を訴えていた向瀬博明村会議長ら十一人全員の村議が既に離党届けを出している。村長の離党もこれに連動したものとみられる。

　清水村長は「かねて、首長は一党一派に偏らないのがよいと考えていた。この際、中立の立場で職務に精励したい」と話している。

福井新聞1994年１月12日

敦賀原発増設計画に抗議

村議全員が自民離党

福井・河野村

93.12.28

　日本原子力発電（本社・東京）が福井県敦賀市で計画している敦賀原発3、4号機増設計画をめぐり、同市北隣の南条郡河野村の村議全員（十一人）が二十七日、増設賛成に回った県議会自民党に抗議して、同県連に離党を届けた。

　同村は、敦賀半島先端の増設予定地から直線距離にして約七キロの対岸にある。

　今月に入って、敦賀市が増設に同意したのを受け、県議会での審議も増設促進に傾いたため、同村は他の周辺六市町村とともに「既に原発十五基がある県内で、これ以上の増設は将来に禍根を残す」として、最大会派の自民党や県、県議会に絶対反対を申し入れていた。

　議員はいずれも保守系無所属だが、全員自民党籍がある。集団離党はこの日の村議会前に申し合わせた。

　村議の一人は「今まで自民党に協力してきたのに、意見を無視した今回のやり方に納得できない」と話していた。

核のゴミ 今世紀中に焼却研究も

　高速増殖炉原型炉「もんじゅ」（福井県敦賀市）を対象にした地元自治体との安全協定締結のために福井県を訪れた動力炉・核燃料開発事業団の石渡鷹雄理事長は二十七日、敦賀市内で記者会見し、「放射性廃棄物の消滅処理の試験に今世紀中にも着手したい」と、

朝日新聞1993年12月28日

好き勝手をしています。しかし、かび臭い思い込みに固執する偏狭さが保守の本分ではないはずです。

　旧河野村長の故・清水金二さんは村長在職中「反対世論に耳を傾けず、原発推進を強行するのはかつての軍閥と同じ」と憤りを込めて語っていました。氏は、陸軍中野学校出身の生粋の元軍人であり「真性保守」の大人（たいじん）でした。

　清水村長は、一九九四年一月に自民党を離党しました。その前年暮れに自民党の県会議員たちが敦賀3・4号の増設に賛成の請願書を採択したため、これに憤った十一人の村議全員が自民党を離党しています。村長は村議たちの行動に呼応したのです。今から思うと、合併で自治体の数が少なくなったこともあり、原発反対の県民世論は当時より増えていますが、気概を持った議員や首長がその当時より少なくなったように思えてなりません。

28人の県議、高浜原発の再稼動に賛成

二〇一五年一二月一六日、「自民26」「公明1」「希望1」の計28人の県議が、高浜原発の再稼動に賛成しました。彼らは「福島県民は今も大勢が避難生活を送るなど福島の事故は収束していない」し「再稼動について国民理解は十分深まっていない」と認識しているが「エネルギー確保や電気料金の値上げ問題、地球温暖化対策のため原発なしで日本はやっていけない」として再稼働を認めました(中日新聞一二月一七日)。

知事は「国民理解が深まっていることが再稼動を認める条件の一つ」と県民に説明してきました。ですから、28人は「条件が整っていないのに再稼動を認めるのか」と知事を質すべきでした。それが県民の代弁者たる議員のとるべき行動のはずです。

ところが知事を質すどころか、福島の事故が収束していないことや国民理解の不十分さを認識していると述べながら、再稼動を認めたのです。論理には整合性が無く、まともな大人の議論とはいえません。

では、なぜ再稼動してもよいとの国民理解は深まらないのでしょうか。簡単なことです。そもそも多くの国民は「原発なしで日本はやっていけない」などとは考えていないからです。

原発賛成県議と支持者の「美しき」誤解

福島事故の後、自民・公明の政治家は「原発の危険性は十分わかった」と言い方を変え、概ね次のように説明します。

日本には原発に変わる代替エネルギーがなく、火力発電の焚き増しで電気料金が上がった。地球温暖化や日本経済への影響を回避するため、また立地市町の雇用や地域経済を守るため当面は原発を動かさなければならない。しかし徐々に原発の比率を下げてゆき、将来的には原発をなくす。

原発の再稼動に疑問を持つ県民の多くが、それでも選挙で自民・公明に投票するのは、両党の政治家の「将来的に原発をなくす」の言葉を信ずるからなのでしょう。しかし、「将来」とは何時のことか不明です。

それどころか自公政府のエネルギー基本計画は、原発を「重要なベースロード電源」と位置付けています。本音はいつまでも原発を動かしたいのです（使用済み核燃料の問題があり現実には無理ですが）。

自民・公明の議員は「ウソ」の自覚が無いまま県民に「ウソ」をつき、支持者もそれを「ウソ」とは見抜けず互いに「美しく誤解」しているのでしょう。

自民県議が暴く「原発推進のインチキ」

ところが「原発推進の理屈はインチキ」であると正確に見抜いている自民党県議（元議長）もいます。

S氏は青年団時代、反核平和運動に取り組み、社会党員として三国町議も務めました。その後、自民党に鞍替えし原発も容認してきました。そこまでは日本の政治家によくある変節のパターンです。

しかし彼は、福島の事故直後、脱原発を高々と掲げたA3判10ページにもおよぶ「原発特集号」を坂井市一円に配布しました。その文章の小見出しを抜き出しておきます。

「福島原発—最後の警告！」

「恐るべき親方日の丸・無責任体制・ブレーキがない」

「お金をドブに捨てる核燃料サイクル」

「原発の電気が一番高い」「原発なくても困らぬ」

S氏は次のようにも書いています。

「政治家（政党）には電力会社から政治献金、民主党議員には電力の労組から「票」ももらいます。そのお金は税金であり電気料金です」

「安全神話は崩れた。正しかったのは、原発の安全性について批判的警鐘を鳴らしてきた人たち。しかし、そうした人々の声は無視され、排除されてきた」

「CO_2も放射能も出す原発（産業）は、とてもクリーンエネルギーなどではありません」

「将来、孫たちから、じいちゃんは県会議長をしていたというが、私たちには放射能のゴミと借金しか残さなかった、といわれるのではないか心配です」

千万人といえども我ゆかん

S氏は「原発特集号」の最後に、安部首相も座右の銘にしている孟子の言葉「自ら省みてなおくんば、千万人といえども我ゆかん」を引いています。

孟子は、民衆の願いを踏みにじる権力者は打倒すべしと唱えた革命思想家です。権力者の不正を黙認し追従する千万人の妨害があろうとも、恐れず立ち向かえと教えたのです。そしてS氏は「原発特集号」で「フクシマ」を転換点にすると坂井市の数万市民に一度は約束しました。孟子の教えに学ぶつもりなら、「政治家の矜持」を思い出し議会で理非曲直を明らかにして敢然と再稼動に反対すべきではないでしょうか。

過去に、軍部が台頭し時勢が戦争へと向かう嵐の中、孤立無援で自らの信念を貫いた保守政治家の斉藤隆夫がいます。彼は二・二六事件直後の国会で「反軍演説」をおこない国会を追放されました。文字通り「千万人といえども」恐れず立ち向かった信念の人です。

軍部の圧力など、身の危険が迫っているわけでもないのに、S氏は坂井市の市民や孫たちに、どう釈明するつもりなのでしょう。

政治家の変節と虚言

「希望ふくい」のI氏の変節ぶりにも驚かされました。彼は二〇一四年に、原発問題のレクチャーを受けたいと、山奥の拙宅を訪れていたからです。帰りがけ「脱原発を確信しました。脱原発を掲げ県議選を戦います」と私に約束して席を立った、その記憶がまだ私の脳裏に鮮明に残っています。

翌春の県議選で彼は電力総連（連合）の支援を受け

原発でｃｏ２削減はできない　　　　　（福井新聞2000年４月７日）

2000年（平成12年）4月7日（金曜日）

ウラン濃縮でCO_2増加
発電過程の熱ほぼ放出

原発
温暖化抑制と"無縁"

WWF報告
省エネが特効薬

原発からの二酸化炭素（CO_2）の排出は燃料になるウランの濃縮まで含めると、少ないとは言えず、発電の効率も悪いため、原発の利用は有効な地球温暖化対策とはならないとの報告書を、世界自然保護基金（WWF、本部スイス）が六日、発表した。

WWFは「地球温暖化対策の名の下に、原子力技術を発展途上国などに移転するべきではない。CO_2の排出削減は徹底した省エネルギー利用効率の向上によって実現すべきだ」と指摘している。

報告書によると、核燃料として利用可能なウランを天然ウランの中から濃縮する過程で膨大な電力を必要とするため、一キロワット時当たりのCO_2の排出量は三十五グラムと試算され、風力の同二十グラム、水力発電の同三十三グラムを上回る。

原子力発電の熱がほとんどそのまま捨てられているのに対し、天然ガスや木材を利用したバイオマス発電では、発電過程で出る熱を電力と同時に供給する「熱電併給（コジェネレーション）」が可能。このため熱利用まで含めて考えると、原発からのCO_2排出量は天然ガスとほとんど変わらず、バイオマス発電の七倍近くなるという。

WWFは日本のように原子力発電への依存度が高い国ほどコジェネレーションの導入率が低いといった例を挙げ、「大規模な原発の利用が国内のエネルギー利用効率向上を妨げている」と指摘。

旧動力炉・核燃料開発事業団の再処理工場や昨年の臨界事故などにみられるように危険も大きいとして、原発を地球温暖化対策の基盤とするべきではないと主張した。

京都議定書の早期発効確認
きょうから環境相会合

主要八カ国（G8）の環境相会合（環境サミット）が七日から三日間の日程で大津市で開催される。地球温暖化問題や再生可能エネルギーの利用促進などを論議、最終日に共同宣言を採択する。これに合わせ同市で環境問題に取り組む八カ国の超党派国会議員による「地球環境国際議員連盟」（GLOBE）の世界総会

ウラン採掘から燃料加工、後処理に至る過程で膨大なｃｏ２を排出するため、原発がｃｏ２削減の切り札にならないのは国際的常識。WWF世界自然保護基金は「原発は地球温暖化対策とは無縁と報告しています。

ると風の便りに聞き、その時点で変節を知りました。

しかし今回は、同じく連合の支援を受けている民主党県議団が「現段階では判断できる環境、条件でない」と賛成しなかったため、彼も「慎重」の態度をとるのではないかと私は期待していました。

しかし彼は「（原発は）CO_2削減に最も有効な環境技術。立地地域の生活を維持する経済構造の中心」「誇りを持って仕事をし、技術を成長させる環境に」と賛成討論までしたのです（中日新聞一二月一七日）。

次章で、I氏の語るように、「原発は立地地域の生活を維持する経済構造の中心」としてなくてはならぬ存在なのかどうかを見てゆきたいと思います。

2 原発で地域は振興できたのか？

福井県立大のレポート

福島原発事故の前年の三月、福井県立大学地域経済研究所が『原子力発電と地域経済の将来展望に関する研究（その1）』を発表しています。原発の運転から40年の節目に、原発で地域の経済がどのように変化したかを検証するレポートです。終章の「総括と展望」で次のように総括しています。

「原発は立地4市町に、固定資産税、電源立地地域対策交付金など多額の歳入をもたらした。この豊かな財源が、『箱モノ』の建設に費やされ、建設業が育成された」

「原発は地域経済浮上の効果つまり地元企業が原発からのプラント建設や、機械・部品の受注を受ける効果が期待されたが、嶺南地方で製造業を育成する効果は発揮されていない」

また第一章第五節「県内15基体制後の課題と地域経済効果」では、「一時的な財政面の恩恵よりも、新たな恒久的な地域活性化のあり方が求められている」と強調しつつ、「電源三法交付金、核燃料税交付金、補助金等により公共施設の整備を中心に地域住民の福祉向上ははかられたものの、原子力との共生による地元産業の振興、雇用機会の拡大の面ではなお課題が残されている」とまとめています。

実は、このような総括はなんら目新しいものではありません。福井県ではこれまでに何度も同じ総括が繰り返されてきたからです。

「原発で地域振興は出来なかった」と最初に告白したのは、他ならぬ中川平太夫知事（故人）です。県議会の予算委員会で自民党県議から「知事は、嶺南（敦賀・若狭地方）発展のために15基もの原発を受け入れてきたが、住民の所得増大には結びつかなかった。立地市町村の財政も膨らみ過ぎ、この先どうなるかわからない」と追及され、知事は「仰せの通り、過疎から脱却するために原発を受け入れてきたが、期待したようにはいかなかった」と脱帽しました（朝日新聞記事、15頁）。一九八八年のことです。それから2年後の一九九〇年、美浜町は『原子力地域振興の概要』をまとめ、「原発立地は、恒久的・総合的・広域的振興には結びついていない」「交付金の効果は一過性のものである」と総括しました。

「福井県において、製造業、特に一般機械・電気機械が発展しているのは越前・鯖江地域である。嶺南地方の製造業は弱い。製造業を育成するという効果は、あまり発揮されていない」

「原発と地域産業が一体化した地域全体の振興には至っていないのが現状である。すなわち、原子力発電所はその特殊性のため地域産業との結びつきが弱いこと、また、交付金事業の終了、固定資産償却に伴う税収の減少が予想されることから、その効果は一過性のものである」（美浜町『原子力地域振興の概要』）

福井県「原発15基体制の総括」

さらに一九九四年、敦賀原発3・4号機の増設計画がもちあがったころ福井県は『原発15基体制の総括』を行いました。そこで、「社会資本整備、企業誘致、地元産業の育成、製品出荷額、原発産業の地元受注・地元雇用の拡大は不十分なものにとどまり、恒久的福祉の実現にはほど遠く、逆に相次ぐ原発事故で観光産業が深刻な打撃を受けてきた」「一時的な財政面の恩恵よりも、新たな恒久的な地域活性化のあり方が求められている」と自ら総括したのです。

そして二〇〇〇年には敦賀市が『原子力発電所の共存共栄と地域振興』をまとめ、「原子力発電所の立地は、その効果はあるものの、立地地域の恒久的総合的・広域的振興には結びついていないので、これらを踏まえた『電源地域振興特別措置法』の制定や、官民が一体となった恒久的地域振興への施策を積極的に展開していく必要がある」と国に要望しました。

このとき敦賀市は、原発のトラブルや事故が、鮮魚、海水浴客、民宿等への悪影響や街のイメージダウンになっているとし、(国民の)電力発祥の意識の希薄さを訴えつつ、交付金制度の改編を要求しています。

具体的には、「電源立地促進対策交付金は、原子力発電所立地当初の短期的な交付であり、恒久的発展になっていない」しかも「運転後の固定資産税は、毎年急速に減少している」として、「国は、60年運転が可能としているが、これらの地域振興対策をすべき」で「更にこれら交付金は、運転終了までとなっているが解体まで交付すべき」と要求したのです。

同時期、福島県の佐藤栄佐久知事が目指していたように、福井県も原発依存の財政・地域振興からの脱却を模索すべきでしたが、そういう自覚はなく、国に「もっと手当てを篤くせよ」とおねだりしたのです。その後、国は、電源三法交付金の種類を増やし(古くなるほど交付金が増額)使い勝手もよくしました。

伸びない嶺南の製造品出荷額と雇用

さて、美浜町の報告から10年を経たころ私たち(若狭ネット)も、原発立地の4市町を含む県内の市町の地場産業の伸び率を、一九六五年と二〇〇一年度の製造品出荷額の統計を用いて比較しています。それが次の表1―①です。

一九六五年~二〇〇一年の36年間で、非立地市町村の製造品出荷額は13~88倍の伸びを示していましたが、原発立地市町の伸び率は低く、5~11倍にとどまっていました。それからさらに10年(美浜町の総括から20年)を経た県大レポートの結論も全く同じだったのです。

表1―①の右端、二〇〇一年度の「従業者数」を見ると敦賀市は武生市・鯖江市の三分の一しかありません。原発を持たない市町に比べ雇用も伸びていないことがわかります。

表１－①　製造品出荷額の増加率　1965年～2001年

市町村	1965年	人　口	2001年	人　口	増加率	従業員数2001年
敦賀市	232億	54,508	1246億	68,236	5倍	4,639
武生市	166億	62,588	3525億	73,300	21倍	14,123
鯖江市	154億	50,114	2027億	65,290	13倍	13,762
美浜町	4.2億	13,358	46億	11,576	11倍	372
高浜町	5.4億	10,773	55億	12,101	10倍	447
大飯町	2.8億	6,080	14億	7,021	5倍	153
三方町	2.1億	10,519	185億	9,114	88倍	593
上中町	3.7億	8,567	280億	8,174	76倍	1,005
名田庄村	0.2億	3,940	16億	2,915	80倍	106

著者作成

（統計調査は二〇〇二年度から従業者４人以上の事業所に変更されたため、二〇〇一年度の統計を用いた）

60年代、嶺南の方が（一人当り出荷額）多い

では二〇〇二年以降はどうなったのかを次頁の表１－②で見ます。嶺南（敦賀・若狭）と原発のない嶺北とに分け、一九六七年と二〇一三年を比較しました。二〇〇一年までと同様、出荷額の増加率は嶺南４・４倍に対し嶺北９・２倍と、依然として約二倍の開きがあります。

ここで興味深いのは、一九六七年の一人当たりの出荷額は、実は嶺北より嶺南の方が多かったという点です。嶺南地方は貧しさのゆえ原発を受け入れたというのは俗説に過ぎなかったと言えそうです。

ともあれ、両者の差は46年の間に大きく広がりました。嶺北と嶺南の出荷額の比率は一九六七年には嶺南21％に対し嶺北79％でしたが、二〇一三年には11％対89％と大きく差が広がってしまいました。

次に、表２－①の年間商品販売額を見てください。

表１ー②　製造品出荷額の増加率　1967年／2013年

	嶺　南(合計)	嶺　北(合計)	全　県
2013年人口	143,568人	656,096人	799,664人
製造品出荷額	20,565,403万円	162,448,133万円	183,013,536万円
嶺南/嶺北の比	11%	89%	100%
一人当たり額	143万円	247.6万円	228.9万円
1967年人口	141,769人	608,094人	749,863人
製造品出荷額	4,676,154万円	17,589,163万円	22,265,317万円
嶺南/嶺北の比	21%	79%	100%
一人当たり額	33万円	28.9万円	29.7万円
増加率	4.4倍	9. 2倍	8. 2倍

著者作成

地域内の住民が購入する日用品が主ですが、観光客の落とす飲食費・みやげ物代なども含まれます。嶺南の増加率は嶺北の二倍です。嶺南と嶺北の割合も47年の間に差を縮めることができました。

しかし、一人当たりの額の差は一九六八年にすでに3倍の開きがありました。そのため、差が半分に縮まったとはいえ、嶺南の販売力は嶺北に比べまだ弱く、逆にこれから伸びる余地があるともいえます。

伸び悩む嶺南の観光

敦賀・若狭には美しいリアス式海岸や国宝・重文の古刹社寺など名所旧跡も数多く、生かしきれていない観光の素材がたくさんあります。本来なら漁業と観光で十分食ってゆける地域なのです。

産業振興というと、外部資本の導入や工場誘致にばかり目が向けられがちですが、まずは地場産業の育成振興や地域に眠る観光資源を活用し持続可能な地域お

表２―① 年間商品販売額 1966年／2012年 著者作成

	嶺 南(合計)	嶺 北(合計)	全 県
2012年人口	143,568人	656,096人	799,664人
商品販売額	22,291千万円	153,402千万円	175,694千万円
嶺南/嶺北の比	12.7%	87.3%	100%
一人当たり額	155.3万円	233.8万円	220万円
1966年人口	141,769人	608,094人	749,863人
商品販売額	2,282千万円	30,511千万円	32,793千万円
嶺南/嶺北の比	7%	93%	100%
一人当たり額	16.1万円	50.2万円	43.7万円
増加率	9.6倍	4.7倍	5.4倍

こしを図るべきです。その自治体モデルは福井県内にいくつもあります。

表３―①で、嶺北と嶺南地域の観光客入込数の40年間の推移を見てください。嶺北は２・５倍と飛躍的に増加していますが、嶺南（敦賀若狭）の伸び率は１・15倍とわずかに増加しただけです。それぞれの地域の行政や住民の努力度の差もあるのでしょう。とくに原発に依存してきた嶺南の立地自治体には観光にかける熱意や自助努力が不足していたともいえます。また、市町だけでなく県の観光政策の力の入れ具合にも偏りがあった時期が長かっただろうことも推量できます。

この表には数字を記入していませんが、一九六八年の人口一人当たりの観光客入れ込み数を見ると、嶺北は12人にすぎず、嶺南は35人と健闘していました。人口比でみればわかるようにもともと嶺南地方は、観光地としての底力を秘めていたのです。

表３―②でわかるように原発依存にかげりが見えてきた最近（二〇〇四年～二〇一三年）の嶺南の増加率

表3―① 観光客入込数（単位：人） 著者作成

	県全域	嶺　北	嶺　南
1968(S43) 嶺北・嶺南比	12,494,964人	7,482,782人 60%	5,012,182人 40%
2002(H14) 嶺北・嶺南比	24,688,200人	18,821,400人 76%	5,866,800人 24%
伸び率	1.98倍	2.52倍	1.17倍

表3―② 観光客入込数（単位：千人） 著者作成

	県全域	嶺北	嶺　南
2004(H16) 嶺北・嶺南比	15,068人	12,830人 85%	2,238人 15%
2013(H25) 嶺北・嶺南比	16,823人	14,529人 86%	2,294人 14%
伸び率	1.16倍	1.13倍	1.03倍
2012(H24) 嶺北・嶺南比	15,717人	13,705人 87%	2,012人 13%
伸び率	1.04倍	1.07倍	0.89倍

二〇〇三年以降は３万人以上の観光地の統計に変わり
二〇〇四年以降は５万人以上の観光地の統計に変わる

は嶺北と比べほとんど差がありません。

ただし、県全体に占める割合が一九六八年には嶺北60％対嶺南40％だったものが二〇〇二年に76％対24％となり、二〇一三年には86％対14％と次第に両地域間の差が拡大しています。これをなすがまま放置していた福井県の責任も大きいと言えます。

なお二〇一二年に二〇〇四年比で約10％観光客が減少したのは、福島原発事故の直後で、原発のある若狭地方が敬遠されたものと考えられています。

次頁の表３―③を見てください。原発に頼れない三方町がこの40年の間に着実に観光客の入れ込み数を伸ばしてきました。嶺北の市町でも伸びています。

しかし、一九七一年には観光客の入れ込み数が１３０万人／年あった美浜町・高浜町は、この46年の間に大きく減少し、二〇一二年にはそれぞれマイナス47％、マイナス48％と半減してしまいました。

他方で、良好な海水浴場が少ないことから一九七一年には８万６千人しか観光客を呼び込めなかった大飯

表３―③　観光客入込数（単位：人）

著者作成

	美浜町	高浜町	大飯町	三方町	越前町	三国町	あわら町
1971（S46）	1,327,600	1,380,000	86,800	1,055,000	399,300	2,061,000	426,500
2012（H24）	714,000	721,000	803,000	1,259,000	1,188,000	2002年	2002年
伸び率　H24	-46%	-48%	93%	12%	30%	3,582,300	1,498,100
2013（H25）	847,000	902,000	1,038,000	1,301,000	1,233,000		
伸び率　H25	-36%	-35%	120%	12%	31%	17%	35%

表３―④　観光客入込数（単位：人）

	2012年	2013年	対前年比
美浜町	714,000	847,000	1.19
高浜町	721,000	902,000	1.25
おおい町	803,000	1,038,000	1.29
若狭町	1,259,000	1,301,000	1.03
越前町	1,188,000	1,233,000	1.04

表４―１　四季の観光客入込数（単位：人）

2015年	春	夏	秋	冬
越前町	283,000	302,000	277,000	326,000
美浜町	184,000	437,000	156,000	71,000
高浜町	131,000	567,000	128,000	86,000
おおい町	195,000	474,000	263,000	106,000
若狭町	370,000	434,000	345,000	152,000

町は一九九三年に3倍増。二〇〇五年にさらに2倍増となり、ようやく美浜・高浜の両町に追いつきました。ポスト原発を見越した並々ならぬ努力があったのでしょう。

二〇一三年に対前年度比で嶺南の各町が約10～30％増（表3―④）となったのは、舞鶴若狭自動車道の開通によるものです。嶺北の越前町もその波及効果で微増しています。

ただ、ここで留意したいのは、新幹線や高速道路の開通で日帰りや通過型の観光客ばかり増えても経済効果は薄いため、宿泊滞在して楽しんでもらう仕掛けを工夫しなければなりません。

その点、海に面しながら原発のない若狭町や旧越前町などは早くからその努力をしています。両町は、冬の入れ込み数が夏場の半分というような落ち込みはありません。食べ物持参でお金を落としてゆかない夏場の日帰りの海水浴客よりも、冬場の魚料理目当ての宿泊客の方が多いのです。

表4―5　製造品出荷額の増加率　1965年／2004年　　著者作成

	美浜町	三方町	上中町	越前町
2004年　製造品出荷額 町の人口	38億円 11,023人	212億円 9,168人	340億円 8,288人	346億円 5,595人
町民一人当たり出荷額	35万円	231万円	410万円	618万円
1965年　製造品出荷額 町の人口	3,7億円 13,358人	2億円 10,519人	3億円 8,567人	20億円 9,302人
町民一人当たり出荷額	2.8万円	1.9万円	3.5万円	21.4万円
2004／1965伸び率	10倍	106倍	113倍	17倍

表4―6　商品販売額の増加率　1964年／2004年　　著者作成

表　4―6	美浜町	三方町	上中町	越前町
2004年商品販売額 人口	11,453百万円 11,023人	5,933百万円 9,168人	12,352百万円 8,288人	19,193百万円 5,595人
町民一人当たり	100万円	65万円	150万円	340万円
1964年商品販売額 人口	829百万円 13,358人	378百万円 10,519人	528百万円 8,567人	1,283百万円 9,302人
町民一人当たり	6.2万円	3.6万円	6.2万円	13.8万円
2004／1964伸び率	14倍	16倍	23倍	15倍

二〇〇五年に合併した越前町の場合、他の季節に抜きん出て冬の観光客が多いのは、旧織田町の織田神社の初詣客の分がプラスされたからですが、合併前でも冬場の方が多かったのです。

「双子の町」の「御曹司」と「苦学生」

同じ三方郡内で、原発を持つ美浜町と持たない若狭町（旧三方町と旧上中町が合併）の経済活動を比較すれば、原発に依存し自助努力を怠ってきた美浜町と、原発に依存できない財政運営・地域振興を図ってきた若狭町との差は歴然です。

たとえば二〇〇四年の美浜町の年間製造品出荷額38億円に対し三方町は212億円と、実に5倍もの開きがありました（「表4―5」）。一九六五年には美浜町の3.7億円に対し三方町が2億円、上中町3億円と大差はありませんが、二〇〇四年の美浜町は38億円までしか伸びず、かたや三方町は212億円、上中町346

読売新聞1988年10月15日

◆9◆

双子の町

“御曹司”と“苦学生”

美浜町 52億6730万円
町税 37.9%
県支出金 21.6
国庫支出金 10.4
町債 9.6
その他 18.6
地方交付税 1.9

三方町 33億8000万円
地方交付税 33.7
町税 17.5
その他 19.0
町債 5.7
国庫支出金 7.0
県支出金 17.1

億円と大きく水を開けられてしまいました。

年間商品販売額」（表4―6）も、一九六四年は美浜町が829百万円、上中町528百万円でしたが、二〇〇四年には上中町12、352百万円、美浜町11、453百万円と、人口の少ない上中町に美浜町は追い抜かれてしまいました。

観光客の一年間の入れ込み数も、統計データのある一九七一年以降、美浜町が常にリードしてきましたが、二〇〇〇年を境に三方町が逆転しました。（二〇〇一年は、美浜町101万人／三方町106万人）

合併してからの若狭町には通年型の集客力があり、原発を持たない町の健闘ぶりが伺えます。同じような観光資源を持ちながら、美浜町は観光開発に努力してこなかったことが如実に数字に現れているといえます。

合併前の話ですが、美浜町と旧三方町の両町は「双子の町」と呼ばれるほど似通った町でした。28年前に読売新聞が、この「双子の町」について、本来は海を中心にした観光で生きていくべき町であると紹介しました。原発関連の収入がたくさんある美浜町を「御曹司」に、原発に依存できず自助努力するしかない三方町を「苦学生」に喩え、三方町は観光に対する熱意が違うと書いています。

たとえば、一年間に新聞に掲載された両町の観光に関する記事のスクラップの量を比較すると、三方町が美浜のおよそ二倍半あったそうです。

読売の記者は、原発関連税収や電源三法交付金などの「恩恵」のない三方町が、その財政力の差を「苦学生」のような努力で埋め合わせようとしている、と三方町の観光にかける熱意と努力を評価し、「原発依存にかげりが見えてきた美浜町も見習うべきではないか」と示唆していたのです。

原発に依存することのできない三方町は、町長を筆頭に自治体としても懸命に創意工夫をこらし努力してきたのです。とくに興味深いのは、「両町とも、将来は観光資源でしか生き残れないという認識に立っている。」と書いていることです。美浜町の責任ある立場の人たちの当時の認識が記者に伝えられたのでしょう。

読売は次のように書いています。

「美浜も原発収入にかげりが見え始めそろそろ『ポスト原発』を考えなければいけない時期にさしかかっている」(読売一九八八年一〇月一五日)

観光は原発とは極めて相性が悪い

私は、原発に依存してきた町は駄目だと突き放すつもりはありません。むしろ、これまで豊富な観光資源を生かしきれていなかった分だけ、これからの伸びシロは大きいのです。原発なしでやってゆけることは越前町や三方(若狭)町のこれまでの歩みが実証しています。先述したように、おおい町も一九六〇年代から懸命に観光客誘致に努力してきたあとが見うけられます。その努力を今後も続けていただきたいと切に願うものです。

さて、二〇一二年の嶺南の観光客入れ込み数が、対

中日新聞1996年7月9日

観光ポスター原発消えた!!

福井・美浜町が作製

悪い印象避ける?

『美しい自然強調』と町側

日本銀行金沢支店　さくらレポート21

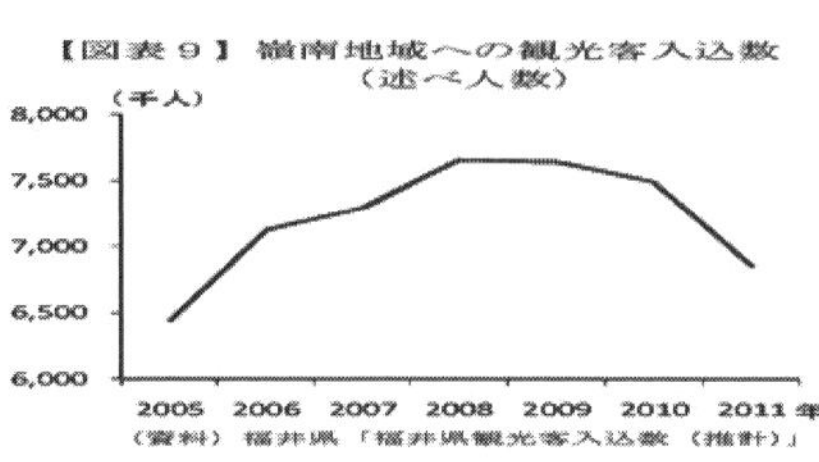

二〇〇四年比で0・89%減少した（表3―②）のは、福島原発事故の影響で原発のある地域が敬遠されたためと考えられます。

原発と観光とは極めて相性が悪いことは、原発を立地している自治体自身が誰よりもよく認識しています。たとえば、美浜町は、都市圏のJRの駅に張り出す観光ポスターを作製した際、水晶浜の美しい砂浜の向こうに見える「美浜原発」を写真から消してしまいました。20年前のことです。

漁業と観光で地域振興を図ってゆくためには、一刻も早く原発の廃止を決断するしかないのです。

運転停止した原発を長年の誤った政策で生まれた負の記念碑として（原爆ドームのように）後世に伝えてゆけば、国内外からこの教育的観光資源を見学するために訪れる人も少なくないのではないでしょうか。原子炉から使用済み核燃料を取り出せば、解体などしなくても事故の危険はありません。

ところで、現在の越前町や若狭町は合併で人口も増

表4―2　観光客入込数（単位：人）　＊1971年越前町の入込数には宮崎村も含む

	美浜町（人）	三方町（人）	上中町（人）	旧越前町（人）
2004年観光客数 町の人口	814, 000 11, 023	875, 000 9, 168	491, 000 8, 288	1, 063, 000 5, 595
町民一人当たり	74	95	59	190
1971年観光客数 町の人口	1, 327, 600 13, 157	1, 055, 000 10, 005	08, 085	399, 300 8, 261
町民一人当たり	101	105	0	48
2004／1971伸び率	0, 61	0, 83		2, 66

表4―3　観光客入込数の推移　＊1971年以前の統計はない　著者作成

	美浜町	三方町	上中町	旧越前町
1971（S 46）	1, 327, 600	1, 055, 000	0	399, 300
1990（H 2）	1, 876, 800	1, 556, 300	30, 300	1, 941, 900
2001（H13）	1, 012, 500	1, 062, 600	235, 600	1, 261, 600
2004（H16）	814, 000	875, 000	491, 000	1, 063, 000

えました。美浜町の人口の1・5倍ある若狭町には三方五湖や熊川宿などの観光地もあり、美浜町との比較は難しいのではないか、と疑問をもたれるむきもあろうかと思います。そこで、表4―2と表4―3で、合併前の旧越前町・旧三方町・旧上中町の3町と美浜町とを比較してみました。

実は美浜町は高浜町と同様に一九七一年の一年間の観光客の入れ込み数は123万人もあり、若狭地方で一番多かったのです。それが二〇〇一年を境に三方町に追い抜かれてしまいました。三方町は、上中町と合併する前年の二〇〇四年にも、美浜町に6万人／年の差をつけていました。

美浜町の人口の半分しかない旧越前町の健闘ぶりも参考にしてください。旧越前町は海に面した河岸段丘の狭い小さな浜が点々と続く町で、漁業と観光以外に目立った産業はありません。一九七一年には、美浜町・三方町などに圧倒的な差をつけられていましたが、一九九〇年代に入ると美浜町を追い抜きました。

旧越前町も含め県内のほとんどの町の観光客の入れ込み数は、一九九〇年前後をピークに減少しその後低迷しています。しかし、三方町の落ち込みに比べても、美浜町の落ち込みは激しいことがわかります。誰もが努力をしても落ち込む時期に、努力が少ない分だけ大きく落ち込んだと言えそうです。

熊川宿が観光地として注目を集めるようになってからまだ日は浅いのです。上中町は一九九〇年にはじめて3万人／年の数字が出てきます（それ以前の統計は0でした）。この数字は熊川宿の整備による効果なのでしょう。三方町との合併の前年二〇〇四年には49万人／年と急伸しています。

これらの例のように、美浜町でも（五湖のうちの二つは美浜町にも接している）町民が知恵を出しあい整備を進めることによって観光客を呼び寄せる余地が大いにあると期待してもよいのではないでしょうか。

脱「原発」浜おこし　原発企業に頼る生活はつまらない

二〇一五年秋、私はアメリカ人ジャーナリストを案内し敦賀半島を一周しました。写真は、半島の付け根にある常宮神社の境内です。敦賀城城主だった大谷吉継が朝鮮を侵略（文禄の役の軍艦奉行）した際に略奪してきた高麗の鐘（国宝）があることで有名な神社です。

宮司さんは、原発には賛成しないとたびたび表明されてきた方ですが、参道には原発関連企業からの寄付で立てられた無数の石灯篭が立ち並んでいます。

石灯篭に刻まれた碑銘の多くは、日本原電をはじめ東芝や三菱、富士電機、川口電機、そして大手ゼネコンの大林組・清水建設・竹中建設・熊谷組など原発関連企業です。石灯篭群の中には旧今立町の関組（親子二代にわたり約40年、県議会に君臨する）の碑銘も見えます。

常宮神社境内　ゼネコン寄付の石灯

周知のように熊谷組は、科学技術庁長官を務めた熊谷太三郎氏のもとで原発建設で成長した企業です。熊谷家はまた、労働組合の強かった福井新聞に対抗して一九七七年に日刊福井を創立し、御用新聞として原発推進の記事を書かせました。（現在は中日新聞社が接取）

この常宮の隣りの集落の名子には、立花正寛（故人）師のお寺があります。立花師は、敦賀原発1号機が運転開始してすぐに放射能漏れ事故を起こしたころから、ムラサキツユクサを庭先に植えて観察を始めました。原発のトラブルの約一週間後や定期検査時には、おしべの色の変異が多くなるため、この環境の中では子育てはできないと、京都に引越したのです。子供が成人した一九九〇年、彼は住職として寺を継ぐため名子に戻りました。そのころ敦賀原発3・4号機の増設問題が持ち上がっていました。そこで、立花住職は一人で名子の集落をはじめ敦賀半島西浦地区の住民から増設反対の署名を集め歩き、それを敦賀市に提出しま

毎日新聞　6/30　1991年（平成3年）

脱「原発」浜おこし

「むら」10世帯でヨットハーバー建設

敦賀湾　2億円を自力調達

原発が集中立地する福井県・敦賀半島にある敦賀市名子地区の十世帯が資金を出し合ってヨットハーバー管理会社を設立、三十日、地元で二百隻収容のマリーナをオープンさせる。大手資本のリゾート開発の誘いを断り、「むら」総出で施設を建設した。既に約百五十隻が係留を申し込んでおり、十世帯は「原発や大企業に頼る経済から自立。若者を呼び戻したい」と〝浜の経済復活〟に意気込んでいる。

名子地区の海岸にあった県営貯木場（約一万五千平方㍍）が木材輸入の不振のため三年前、取り壊されることになり、跡地利用を模索。「海とともに生きていきたい」とヨットハーバー建設を決めた。

大手商社など二社が大規模開発プランを持ってパートナーとして売り込みをかけてきたが、「場所貸しになるだけ」と拒否。今年三月、同地区の大半にあたる十世帯の住民が株主となり、「ファースト・ハーバー・ツルガ」（河端和義社長、資本金二千万円）を設立、着工した。

建設費は約二億円。一億五千万円を敦賀市漁協から借り、残りを一世帯当たり二百万―三百万円の会社出資金、契約者からの管理費予約金などでまかなった。

施設はクラブハウス（鉄筋二階、延べ三百平方㍍）とクレーン一基、浮桟橋など。住民自身も建設にたずさわり、国内最大級の六〇㌳のヨットも収容できるマリーナが、通常の半額近い建設費で完成した。

敦賀半島には日本原電敦賀原発1号機が運転を開始した一九七〇年以来、七基の原発が立地。名子地区の民宿四軒も定期検査ごとに作業員を受け入れてきた。漁業兼民宿経営者で区長としてハーバーの代表取締役を務める刀根敏夫さん(四六)は「原発企業に頼る生活はつまらない。漁業と観光が共存するハーバーを目指したい」と話している。

問い合わせはファースト・ハーバー・ツルガ（0770・22・8777）。

完成した敦賀市名子地区のヨットハーバー＝本社ヘリから

毎日新聞1991年６月30日

した。

その名子の浜にはたくさんのヨットが係留されています。名子集落の人たちは立花住職の脱原発の願いに共鳴したのでしょう、一九九一年に自分たちで資金を出しあってヨットハーバーを建設しました。

公私を問わず県内のあらゆる団体が電力会社から寄付を求め、立地市町の集落も行事の経費などの面倒を見てもらうのが当たり前になっている時代に、名子の10世帯の人々は、自力でヨットハーバーを建設したのです。

名子の区民のいちずな想いを毎日新聞は次のように伝えています。

「ヨットハーバー建設のうわさを聞いた大手商社が二社、パートナーとなりたいと売込みをかけてきた。しかし、『場所を貸すだけになる』と断り、建設費２億円を自分たちで調達し国内最大級の大型ヨットも収容できるマリーナを建設した。名子集落には定期検査の原発労働者を受け入れてきた民宿４軒もあるが、民宿経営者で区長の刀根敏夫さんは、『原発企業に頼る生活はつまらない。漁業と観光が共存するハーバーを目指したい』と語った」

原発のある半島一帯は、日本原子力発電㈱を「原電さん」と敬称をつけて呼ぶ土地柄ですが、すでに20年前からこのような内発的な地域おこしの試みが始まっていました。名子の実践を「原発をやめたら地域経済が破綻する」などという議論に堂々と対置したいと思います。

3 原発と自治体財政

原発の福井県経済への直接的メリットは少ない

再び、福井県立大学経済研究所の『原子力発電と地域経済の将来展望に関する研究（その1）』の〈総括〉に戻ります。

原発は本県にとっては重要な地場産業である、と政治家はよく口にしますが、電力会社の収益の大半が本社機能のある都市に送金されることは周知の事実です。県大レポートの〈総括〉も、原発は福井県経済に対する直接的なメリットは少ないことを率直に報告しています。

> 関電の利益は、最終的には、例えば、関電に資金を提供している金融機関や、関電の社債を保有している者に利子として支払われる。あるいは株主に配当として支払われる。こうして大部分が福井県外に流出するであろう。原発の福井県経済に対する直接的なメリットは、見かけの大きさほどは大きくない。

端的に言えば、原発は電源三法交付金、核燃料税交付金、補助金等で自治体財政を膨張させたが、あくまでもそれは一時的な財政効果であり、地域全体の経済や県経済にはメリットが少なかった、と県大レポートは報告するしかなかったのです。

これからも原発に依存しなければならない

誤解しないでいただきたいのですが、県大レポートを著したのは反原発の研究者たちではありません。「原発は、地域振興には結びついていない」という、これまでに明らかになっていることを改めて検証すること自体に原発擁護の意図を感じざるを得ませんが、県立大の研究者たちの原発に対する認識の前提は、あくまでも「これからも原発に依存しなければならない」なのです。

ですから、「原発による電力供給を長期にわたり安定的に実現させることが引き続き求められる」「地域と原発の新たなる共存共栄、恒久的な地域振興につながることを期待」「原発は、本県の重要産業である」等々の文言が節々に並べられています。

そして、終章の〈総括〉で「メリットは少ない」と書きながら、〈展望〉では一転して原発と地域経済の関係を「主に期待されていた効果についてはほぼ達成できたものと考えてよい」などと鷹揚に解釈しつつ、「製造業、求人では県内市町で比較して水準の大きな向上は見られなかった。重要なことは、不足するものは他の政策で補完することではないだろうか」と我田引水的に締めくくっています。

〈総括〉と〈展望〉の分析がなぜこのように相克するのでしょうか。それは、このレポートをコーディネートし〈展望〉を書いた井上武史准教授は、文部科学省もんじゅ広報技術審査委員や敦賀市の十数もの審議会などの委員に委嘱され、財団法人若狭湾エネルギー研究センターから「原子力発電と地域経済の関係に関する研究」を委託された人物だからでしょう。そのような氏の立場を推し測れば、牽強付会とも読める〈展望〉をまとめた理由も容易にうなずけます。

なお、若狭湾エネセンターからは4年間の契約で受託研究費として、年間数百万円の研究費を受け取っています（たとえば平成二二年の直接経費４８６万円、平成二一年は７６９万円）。そのためか井上氏は〈展望〉で、「アトムポリス構想」の考え方のもとに一九九四年に設立された若狭湾エネルギー研究センターの意義は大であり、その活動が、地域と原子力の新たなる共存共栄、恒久的な地域振興につながることが期待される、などと持ち上げています。

余談ですが、若狭湾エネセンターの初代所長は、県の原子力安全対策課の元参事、現在は福井工大で原子力工学を教える来馬教授です。井上氏の尊敬する来馬氏も福島原発事故の前年（二〇一〇年）に『君は原子力を知っているか』を著し、原子力を讃美しています。

井上氏は「福井県には電力事業者や発電所形式や建

設年度など多種多様な発電所が立地している特殊性をもつ。これは世界的に有数な特性と言えるだろう。福井県は世界の原子力立地に対して貢献できる可能生を秘めており、それが地域開発にも何らかの効果をもたらすことも期待できる」と書きますが、原子力政策に対する楽天主義は、来馬氏のそれと相似しています。

原発依存の時代は終わった

この二人に対する批判はともかく、原発推進を容認する県大研究者たちの「なお課題が残る」と結論付けた四〇年目の〈総括〉には大きな意味があります。「嶺南地方で製造業が伸びていない」あるいは「恒久的な地域活性化。地元産業の振興、雇用機会が拡大しない」の分析は、推進派も認めざるを得ない客観的な事実だからです。さらに、そうした分析は何年たっても同じ結果しか出せないというその事実を私たちは再確認することができたからです。

中川平太夫知事（故人）が「原発は嶺南地域の振興に役立たなかった」と県議会で陳謝したのが一九八五年。一九九〇年には美浜町が「原発は、立地地域の恒久的・総合的・広域的振興に結びついていない」と分析。福井県も一九九四年に『十五基体制の総括』で「原発で地域振興はできなかった」と総括しています。運転開始から一五年目、二〇年目、三〇年目と何度検証してもあい変わらずの状況が続き、四〇年後の県大レポートでも駄目だったとなれば、この先も同じ結果しか待っていないだろうことは想像に難くありません。

自立をむしばむ電源三法交付金

県大レポートの第四章では、「原発の立地をめぐる情勢の変化、社会情勢の変化に応じた評価を行う」とし、社会情勢の変化の例として、少子高齢化、グローバル化といった社会状況や地方分権などの制度をあげていますが、少子化による電力需要減、差し迫った原発震災と原発の老劣化、満杯に近づく使用済み核燃料プール、分散型エネルギーの拡大、電力自由化等々、原発にとって不都合な変化については全く考究されていません。

また〈展望〉は「さまざまな原子炉が多く集積しているという本県の特徴を最大限に活かし、地域産業の活性化につなげる」と書いていますが、それは果たして本当に実現可能なことなのでしょうか。

これまで、若狭の立地市町の地域産業は嶺北と比較してひどく伸び率が悪いまま置き去りにされてきました。それに原子炉は順次廃止が待ち受けている宿命です。その中で「原子炉がたくさんある特徴」を地域産業にどのように活かすというのでしょうか。「廃炉ビジネス」が想定されているのだとしたら、それは次章で検証するように、未来へと続く永続的な地域産業たりえないと釘をさしておきたいと思います。

井上氏は電源三法交付金制度が以前よりも充実したことを評価していますが、これまでもそうであったように、それによって地元産業の振興、雇用機会の拡大が計られるとは考えにくい面があります。お金さえ潤沢にあれば地域で自立的・持続的な産業が芽生え、振興が計られるわけではないからです。

県の歳入総額に占める原発税収は2％

さて、「原発関連税収で県財政が潤っている。福井県が原発をやめるのは困難」という県議もいますが、原発税収に頼らぬ財政に戻るのは難しいことなのでしょうか。

県の決算から見てゆきます。たとえば二〇〇八年度の福井県の県税収入は1、139億円。そのうち原発関連税収は134億円（法人県民税・法人事業税75億／核燃料税59億）。たしかに134億円は原発を立地しているからこそ入るお金です。しかし、その原発関連税収は県税収入の12％にすぎません。さらに一般会計と特別会計を合わせた歳入全体に占める割合はわず

徳島県との財政比較　平成22年・24年　単位：億円　　著者作成

平成24年（2012）	一般会計歳入総額	県税収入 a	国庫支出金 b	地方交付税交付金 c	a+b+c
福井県82万人	4,618	926（120）	670（84）	1,316	2,912
徳島県81万人	4,721	695	569	1,528	2,792
差　額		231	101	−212	120

平成22年（2010）	一般会計歳入総額	県税収入 a	国庫支出金 b	地方交付税交付金 c	a+b+c
福井県82万人	5,106	907（118）	715（69）	1,234	2,856
徳島県81万人	4,868	689	712	1,458	2,854
差　額		218	3	−219	2

か2%なのです。

この他に電源三法交付金が89億円ありますが、これを足してもせいぜい223億円。原発税収に頼らない財政に戻ることはさほど難しくありません。そもそも、わが国の地方交付税制度は、財政需要に対する収入の不足分が国か配分される仕組みですから、「原発マネー」がなくても自治体の財政は成り立つからです。

福井県と徳島県の決算比較

次に、福井県と似た人口・財政規模で、一九六〇年代に原発を拒否した徳島県と比較してみましょう。

二〇一二年の福井県の一般会計歳入総額は4、618億円。徳島県が4、721億円です。この年の福井県の県税収入が926億円に対し徳島県は695億円。県税926億円のうち120億円は電力会社からの法人県民税と法人事業税と核燃料税の合計です。この120億円は徳島県には入らないお金です。

また、国から福井県に振り込まれた電源三法交付金は84億円です。この84億円も徳島県には入りません。

原発のある福井県は、電力会社からの税金１２０億円と国からの電源三法交付金84億円を受け取っています。この合計額の２０４億円がいわゆる「原発マネー」です。電源三法交付金は国庫支出金の一部（国庫補助金）として県に入ります。

ここで注目したいのは、県税収入＋国庫支出金＋普通交付金の合計金額です。国庫支出金も普通交付金も国から配分されるお金ですが、県税収入とあわせた合計額は徳島が2、７９2億円、福井は2、９１2億円で、その差は１２０億円です。

原発のない徳島とは「原発の恩恵」２０４億円の差が開いてもよさそうですが、福井は徳島より１２０億円多いだけです。それは、県税収入が福井より２３１億円も少ない徳島はその埋めあわせに普通交付金を福井より２１２億円多くもらっているからです。これがわが国の地方交付税制度における財政調整（埋めあわせ）の機能なのです。

でも、皆さんは納得できますか。税収が多くなれば普通交付金の配分が減らされることはわかった、しかし、電源三法交付金の「原発マネー」84億円はどうなったのか、と。

もっとひどい年もあります。二〇一〇年度は、県税収入＋国庫支出金＋普通交付金の合計額が福井県の2、８５6億円に対し徳島県が2、８５４億円で、その差はわずかに2億円。「原発マネー」合計額１８７億円はどこに消えたか。これが、いかほどの「原発効果」と言えるのか。逆に言えば、原発のない徳島県でも原発関連の収入が多いとされる福井県と大差ない財政運営ができているという証です。

さらに、「原発マネー」の多くが、そもそも「原発があるために必要となった財政需要」言い換えれば「原発がなければ必要のない」避難道路の建設や放射線監視などの費用に充てられています。この問題は第5章で詳述します。

読売 46.6.30

原電 疑問だらけ

県会で各党追及の構え

地元「利益少ない」

わからぬ危険対策

読売新聞1971年6月30日

交付税と差引かれるとは

当てはずれ〝原電税〟

敦賀市にきびしい現実

借金ご破算お願いに

毎日新聞1971年9月1日

固定資産税収増えて地方交付税がバッサリ

一九九〇年、若狭出身の芝田英昭立教大学教授は、「原発を立地してえられた財政効果は、固定資産税収入しかなく、その固定資産税も15年の償却期間を過ぎると微々たる金額となる」と指摘されました。しかも、税収の増加に応じて普通交付税交付金が相殺されるため、「歳入全体で見ればそれほど財政が豊かになるわけではない」ことを、大飯・高浜・美浜・敦賀の一九六〇～一九八五年度の決算から説明したのです。

実はこれは早くからわかっていたことです。敦賀原発が動き出して一年目の一九七一年、原発の固定資産税収を期待していた敦賀市を落胆させたのがこの問題でした。固定資産税の増収があっても、その75％に相当する地方交付税が減らされたのです。毎日新聞は、次のように書いています。

帳簿上は一億四千万円の〈原電税〉が入ったが、

地方交付金と相殺され、市の実質増収はわずか三千万円しかなくガックリ。（一九七一年九月一日）

読売新聞はもっと手厳しく報じています。

地元にプラスしたのは、未開地だった敦賀半島が開発され原電道路ができたことと、工事建設で一部地元土建業者がうるおった程度。改めて県の姿勢や原電の価値が問題になりだした。（七一年六月三〇日）

「原発の次は原発」「麻薬中毒」

このような立地自治体の不満を抑え、新規立地点での原発建設を誘導するため、一九七四年、世界でも類を見ない「電源三法交付金制度」が制定されました。巨額の国費（国民の電気料金）のバラマキで原発立地促進を支える仕組みです。

初期の三法交付金制度では、着工後運転開始前の数年間に多額の「電源立地促進対策交付金」（以下「電源交付金」）が交付され、道路と施設の建設に集中しました。しかし、運転開始後は交付ゼロになり、期待できるのは固定資産税しかありませんでした。

しかし、それも先述したように普通交付金と相殺されて実質増収はわずか。しかも固定資産税は減価償却で毎年目減りしてしまうため財政が不安定になります。そのため一過性の効果である電源交付金への期待が増設を受け入れる大きな誘因となりました。

それが全国の新規計画地の住民が原発を拒否する中、既設地で次々と増設を受け入れることになった理由です。「原発の次は原発」「麻薬中毒」などと批判されてきた所以でもあります。

原発をやめたら夕張市に転落？

さて、「県財政の原発依存度は巷間で言われるほど大きくないことはわかった」しかし「原子力関連の歳入が一般会計の5割を占める町もあり、廃炉に伴い大幅な歳入の減少が生じる」との声があります。あるいは河瀬（前）敦賀市長のように「原発をやめれば夕張市のように財政が破綻する」と大げさに語る人もいます。そこで、次に立地市町の原発依存の財政からの脱却は可能なのかどうかを考えたいと思います。

ところで先の芝田論文について、井上准教授は「これ（麻薬中毒）は今やいずれも正しくない」なぜなら「電源立地促進対策交付金は、その後多様な交付金メニューが追加され」、その後創設された核燃料税も含めると「（運転開始後）ゼロになるよりもむしろ税収としての比率をますます上げている」と反論しています。

しかし、芝田論文は「原発のいかなる行為もすべて〈儲け〉の手段としてのみ働き、住民生活を守り発展させるものではなかった」と批判したのです。政府が後に電源交付金を長く厚く給付するようになったのは、あくまでも原発を推進するためのアメとして有効だったからです。

少なくとも電源交付金は、将来の廃炉後までを見据えた、長期的展望に立っての地元民の利益を考えた地域振興策では決してないのです。運転再開を認める立地自治体には特別交付金25億円を支給するという安倍政権の姑息さも同様、原発を推進する側の思想と手口は今も昔も変わりません。

原発税収を失っても75%のお金は戻る

井上氏は二〇一四年に『原子力発電と地域政策』（晃洋書房）を著しています。その副題「国策への協力と自治の実践」からも想像しうるように、氏は住民を懐柔する政策手法を追認しそれを補完することが「自治の実践」と勘違いされているのではないでしょうか。現場のデータを駆使し「原発と地域経済」の緻密な分析を行う研究者は少ないだけに残念です。

井上氏への批判はともかく、県大レポートから私は多くのことを学びました。たとえば井上氏が、芝田論文に対する反論の中で「原発関連税収が失われても、その75％は普通交付税で補填される」と書いていることもその一つです。

> 交付税の相殺には逆の効果もある。急激に税収が減少すれば、地方税収は大きく落ち込むものの、地方交付税で75％補填され、財政規模は平準化される。

敦賀市の財政（近隣市との比較）

二〇一〇年度の敦賀市の決算を県内他市と比較してみましょう（表5―2）。敦賀市の歳入総額は312億円で市民一人当たり45万9千円です。それに対して鯖江・坂井・越前市は37〜39万円。敦賀市は143億円の市税収入があり、市民一人当たり21万円。他の3市は13万円です。敦賀市には発電所固定資産税など関連税収入が約40億円と三法交付金14億円、核燃料税交付金4億円、寄付金8億円がありますが、それらを原発廃止ですべて失っても、歳入総額が245億円（一人当たり36万円）で、他の3市とほぼ同水準に戻るだけです。

しかも、失われた税収40億円×75％＝約30億円は普通交付税で補填されます。敦賀市は3市よりも約30億円多いまま普通の自治体に戻れるのです。

さらに、原発立地市は他の市に比べ、借金が少なく基金（預金）が多いので、原発関連業者の転業促進助成や当面の雇用対策に振り向けることができるでしょう。

原発のない町の方が国の財源配分率が高い

井上准教授の研究『将来展望に関する研究（その3）・二〇一二年発行』は、私たちに興味深い事実を教えてくれています。それは井上氏が、原発立地自治体に「電源交付金」の形で財源が移転されることを

表５－２　2010年度敦賀市と県内他市の決算比較　　著者作成

（　）内の数字は市民一人当たりの金額

自治体 (人口)	歳入総額 (一人当たり)	市税収入 A	原発固定資産税(火力を含む)など関連税　B	電源交付金C 核燃税D	寄付金E
敦賀市 67,900	312億 (45万) ※B～Eを引くと245億(36万)	143億 (21万)※Bを引くと103億 (15万)	固定資産税40億 法人税約3億	14億５千万 ３億９千万	８億８千万
越前市 87,700	342億7千万 (39万)	120億７千万 (13万８千)	なし	700万	なし
坂井市 91,700	348億6千万 (38万)	121億１千万 (13万２千)	なし	なし	なし
鯖江市 67,450	250億2千万 (37万)	88億円(13万)	なし	なし	なし

「依存財源」「麻薬」と批判する向きがあるが、実際には原発を持たない自治体の方が国からの財源移転の額が多いではないかと（やや不満げに）述べていることです。

あらためて用語の説明からはじめます。「普通交付税」とは、日本に住む住民がどの町にいても等しくサービスを受けられるよう、税収不足の自治体にはその財源を保障するため国が交付する「地方交付税交付金」の一つです。他に、災害時などに交付される「特別交付税」がありますが、ここでは、「普通交付税」のみを見てゆきます。

「国庫支出金」とは、国の施策など国が共同責任を持つ仕事（義務教育や国政選挙、原発など）を自治体が行う場合に、その費用を国が支出するお金のことです。日本のすべての自治体が国から「国庫支出金」を受け取っていますが、原発のある自治体への「電源交付金」は「国庫支出金」として支給されています。

なお、立地県と立地市町に給付される「国庫支出金」のうち、県が受け取った「電源交付金」は立地市町と周辺の市町に「県支出金」として給付されます。したがって隣接町の若狭町や南越前町にも「県支出金」として若干の「電源交付金」が給付されていますが、ここでは「県支出金」は省きます。

さて、井上氏は、『研究（その3）』で、電源三法交付金制度を堅持する必要性について論じています。氏は、電源交付金が「原発の次は原発」といわれるような麻薬的効果を助長してきた側面は認めつつも、電源交付金が「国から地方に移転される財源の一つ」であると強調し、むしろ原発を立地していない自治体のほうが「国からの移転財源」（普通交付金）を多く受け取っているではないかと主張するのです。

氏はまた、二〇〇四年の改正で電源三法交付金制度が充実したことを評価し、現在の電源交付金は制度の修正により運営面で目的税の性質を失っているため、むしろ無駄な支出は行われなくなっていると擁護しています。

その議論の是非はともかく、氏の主張で興味深い点は、原発立地市町村における国庫支出金から電源交付金を引いた額（a）の歳入総額に占める割合は、薩摩川内市を除きすべての立地市町村で全国平均を下回っている、という指摘です（表6）。

国庫支出金が実質減額

「国庫支出金」には、国が特定の事務事業の実施を奨励したり、自治体の財政を援助するために交付する補助金も含まれています。したがって（a）が少ないということは、電源交付金の額が多くなるにともない補助金としての「国庫支出金」の額が実質的に減額されていることを意味します。

つまり、電源交付金は、普通の自治体が国から受けとる「国庫支出金」に上乗せされて交付されるのではないことに注目したいと思います。

そこで、『研究その3』で示された表6に、原発を

表6　立地市町村における普通交付税および国庫支出金の構成比

2009年度決算　単位：%
(地方交付税と国庫支出金が、歳入決算額に占める割合を示したもの)

自治体	普通交付金	国庫支出金	普通交付＋国支出	電源立交付金	国庫－電交付 a	a ＋普通交付税
敦賀市	0	16.6	16.6	7.2	9.4	9.4
全国平均（市）	10.7	15.6	26.3	0	15.6	26.3
美浜町	10.7	15.2	25.9	12.1	3.1	13.8
高浜町	2.8	27.9	30.7	21.5	6.4	9.2
あおい町	9	20.3	29.3	16.2	4.1	13.1
全国平均（町）	28.3	13.2	41.8	0.3	12.9	41.5

出典：福井県立大学地域経済自治体研究所「原子力発電と地域経済の将来展望に関する研究その3」

持たない鯖江市・若狭町・南越前町なども加え、実際の金額を当てはめてみました。それが次頁の表6―2です。

敦賀市と鯖江市とを見比べてください。敦賀市には「国庫支出金」46・8億円が、敦賀市と類似団体でもある鯖江市には28億円が給付されています。「電源交付金」は敦賀市に20億円、鯖江市に0円です。

ここで気になるのは「国庫支出金」から「電源交付金」を引いた額（a）が、敦賀市（約26・5億）は鯖江市（約28・2億）より1・7億円少ないことです。

しかも、敦賀市には交付されない普通交付金を、鯖江市の場合は独自財源が不足するため30億円受け取っています。敦賀市は、原発からの固定資産税収入が多く、国の財源保障は必要ないため「普通交付税」は支給されません。その結果、「a＋普通交付税」は、鯖江市の約59億円に対し敦賀市は26億円しかありません。約33億円も少ないのです。

（a）の割合は敦賀市が9・4%、鯖江市が10・1%、

表6－2　原発マネーと地方交付税交付金　　2009年度決算　単位：百万円

著者作成

自治体名 人口	敦賀市 67,000	鯖江市 67,000	美浜町 10,000	おおい町 8,500	高浜町 11,000	南越前町 11,500
歳入総額	28,218	24,008	8,613	13,156	7,856	9,803
普通交付税	o	3,070	921	1,179	220	3,580
国庫支出金	4,680,	2,821	1,307	2,666	2,195	1,122
普交税＋国庫	4,680	5,891	2,231	3,855	2,412	4,703
電交付金	2,032	0	1,042	2,131	1,689	0
国庫－電交付a	2,648	2,821	265	535	506	1,122
a＋普交税	2,648	5,891	1,188	1,718	723	4,703

全国の市平均は15・6％、類似団体が15・8％です。全国平均の額が鯖江市の歳入総額と同じとして計算すると、市平均は37・4億円となります。敦賀市は全国の市平均より、10・9億円も少ないということになるのです。

美浜・大飯・高浜の3町と人口規模が似通っている南越前町（原発のない）との比較でも同様のことが言えます。南越前町の「a＋普通交付税」は47億円ありますが、それに対し、大飯町は17億円、美浜町は11・8億円、高浜町は7億円しかありません。

敦賀市の（a）が鯖江市より少ないのは、やはり「電源交付金」の額が多くなるにともない他の市が受け取っている補助金としての「国庫支出金」が実質的に減額されているからです。

税収入額が一定の規模を超えると普通交付税で相殺されることは既知の事実ですが、「電源交付金」は自治体の基準財政収入額を算定する際に除外されるため相殺されることはないと私は聞いていました。普通の自治体が受け取る「国庫支出金」に「電源交付金」が上乗せ給付されると思い込んでいたのです。

しかし実際には、確かに普通交付税での相殺はないものの、「電源交付金」は上乗せ給付どころか、「国庫支出金」の一部（美浜町は8・5億円）が減殺されていたという事実がここで見えてきたのです。

原発市町の財政悪化＝健全財政への過渡期

高浜町は二〇〇七年まで、敦賀市とおおい町は二〇〇四年まで、美浜町は一九七九年まで普通交付税の不交付団体でした。二〇〇九年のおおい町の普通交付税11・7億円は合併した田名田庄村の分なので、旧大飯町の実際の普通交付税は0円、「a＋普通交付税」は5億円です。

立地市町にはもう一つの「原発マネー」である原発の固定資産税収入があります。敦賀市には二〇〇九年度に原発の固定資産税が約38億円入っています。さきほどの「電源交付金」20億円と合わせた58億円は原発のない鯖江市には入らないお金です。

次頁の表6―3を見て下さい。原発マネーの「電源交付金」と「固定資産税」とを合計した額（核燃料税や法人住民税、寄付金は除外）で、あらためて比較考察してみましょう。

この表6―3だけを見ていると、先ほどの鯖江市や南越前町との国庫支出金の比較がなければ「立地市町には国と電力のお金がジャブジャブ」の感嘆だけで終わるかもしれません。

しかし、これらの数字を比較吟味すれば、本書の冒頭で示唆したように、3・11以前から立地市町の財政が（「悪化が進行」と私は言いません）普通の自治体に戻りつつある現状が垣間見えてきます。

先に見たように、敦賀市は「固定資産税＋電源交付金」の合計約58・8億円の**【原発効果】**がありますが、鯖江市との実際の差は「固定資産税＋普通交付＋国庫支出」（b）の26億円にすぎません。鯖江市には「a

表6－3　原発マネーと地方交付税交付金　　著者作成

2009年度と2004年度決算　単位：百万円

自治体2009年	敦賀市	鯖江市	美浜町	おおい町	高浜町	南越前町
（原発の）固定資産税	3, 852	0	1, 190	3, 076	1, 413	0
固定資産税＋電源立地交金	5, 884	0	2, 232	5, 207	3, 102	0
固定＋普通交付金＋国庫（b）	8, 532	5, 891	3, 417	6, 921	3, 828	4, 703

自治体2004年	敦賀市	鯖江市	美浜町	おおい町	高浜町	南越前町
（原発の）固定資産税	5, 800	0	1, 612	4, 147	1, 920	0
固定資産税＋電源立地交金	6, 968	0	2, 560	5, 612	3, 381	0
固定＋普通交付金＋国庫（b）	8, 692	6, 106	2, 875	5, 748	3, 614	4, 033

＋普通交付税」が敦賀市より約33億円多く交付されているからです。

表6―2で見たように、南越前町の場合は11億円を「国庫支出金」のうちの補助金事業に使っていますが、美浜町など三町は「国庫支出金」から「電源交付金」を引くと、（a）の2・5億～5億円しか残りません。つまり南越前町と同等の「国庫支出金」の補助金がもらえていないのです。

ここまで、「電源交付金」と原発の固定資産税を中心に見てきました。この二つが一般会計予算に占める割合は、敦賀市21％、美浜町26％、おおい町40％、高浜町40％（二〇〇九年）です。

南越前町が美浜・高浜の原発マネーを超えた！

ところで南越前町の歳入総額が98億円と、美浜町（86億円）や高浜町（78億円）よりも財政規模が大きいのは、二〇〇四年の合併の特典で地方交付税の削減額が緩和されたことや合併特例債の活用による事業で財政需要額が増加した影響もあるのでしょう。

とはいえ、自治体の主要財源である「固定資産税＋普通交付金＋国庫支出金」（b）は、南越前町の47億円に対し、美浜町34億円、おおい町69億円、高浜町38億円です。南越前町が美浜と高浜の2町を凌駕してしまったのです。（「おおい町」の普通交付金は旧名田庄村の分なので、合併が無ければ実際の（b）は旧名田庄村分の国庫支出金も含めて差し引くと57億円以下となっていたでしょう。）

では、この傾向は何年ころから始まっていたのでしょうか。合併で南越前町が生まれる二〇〇四年以前には、立地の3町と類似の町が県内にはなく、比較できる対象がありませんでした。（南越前町は表6の全国平均町とほぼ同規模）

ただ、二〇〇四年の各市町の（b）は、南越前町40億円に対し、美浜町28億円、おおい町57億円、高浜町36億円と、すでに12年前から2町とも南越前町に抜かれてしまっています。原発が無く、しかも県内17市町の中で財政力指数の順位16位の南越前町が、2位の高浜町と5位の美浜町を歳入総額でも上回っているのです。

原発動いても財政縮小は避けられなかった

実は、美浜町はもっと早くから普通の町に戻りつつ（「苦しくなった」と私は言いません）ありました。しかし、この財政状況を見れば誰しも、「こんなことなら、後始末の厄介な原発など立地しない方がよかった」との心持ちにさせられるのではないでしょうか。

おおい町の（b）が69億円と南越前町より約22億円多いのは、4基の出力・建設費が最大であることと、3・4号機の建設が92・93年と一番遅かったためですが、それでも二〇〇四年には南越前町との差は17億円に縮まっていたのです。

二〇〇五年に大飯町は名田庄村と合併して「おおい

町」になります。合併効果で一般会計の歳入総額も前年の92億円から138億円と一気に肥大化し、（b）も差を広げましたが、一九九五年には約65億円あった固定資産税収入も現在は約30億円に落ち込んでいます。

大飯原発が再稼動しても、この先さらに税収の目減りが進み、いずれ南越前町と同規模あるいは以下の財政になるでしょう。敦賀・美浜・おおい・高浜の原発立地市町は、二〇〇九年の固定資産税も電源交付金も二〇〇四年に比べ減少しています。しかし心配いりません。それでも（b）が大きく減っていないのは、減収分の75％が普通交付金で補填されているからです。

（資源エネ庁のモデルケースでは、固定資産税は減価償却で5年後に半減し15年で10％まで減少。その後は、償却可能限度額制度によって5％分が保障されます。）

普通の自治体に近づいた原発立地市町

自前の収入がどれくらいあるかを示す「財政力指数」が県内上位を占める市町は、やはり原発立地市町です。福島原発事故の前年に福井新聞は「普通交付税・敦賀市とおおい町が交付団体に転落」と書いています（二〇一〇年七月二四日）。

この2市町は、それまでは原発税収が多かったため普通交付税の「不交付団体」でした。その税収が落ち「交付団体」になったのですが、それを「転落」などと卑下してはいけません。普通の自治体に近づいただけです。何より、原発頼みの電源交付金や税収などに依存した「財政力指数」の高さを町民は誇りに思えるでしょうか。

再生モデルは将来負担比率0の池田町

もちろん自治体が税収をあげようとする努力を怠ってはいけませんし、地場産業の育成発展にも力を注ぐべきです。しかし、税収の乏しい田舎の町村の自助努

2013年度　財政指標

自治体 2013年	財政力指数 ◯数字順位	公債費 比率	将来負 担比率
おおい町	1・03　①	3・3	—
高浜町	0・97　②	11・0	—
敦賀市	0・98　③	9・9	18・3
美浜町	0・79　⑤	12・8	71・9
鯖江市	0・66　⑧	11・0	22・1
若狭町	0・35　⑭	15・5	151・1
南越前町	0・29　⑯	15・0	19・3
池田町	0・13　⑰	9・3	—

普通交付税　敦賀、おおい交付団体 転落

原発頼み限界？

減価償却進み 税収減

県内全市町 対象に

県分11%、市町は8

本県関係の2010年度
普通交付税決定額

団体名	決定額	対前年度比
県	118,335,224	11.7%
福井市	8,373,468	18.4%
敦賀市	89,876	[illegible]
小浜市	4,324,165	5.3%
大野市	5,104,865	5.5%
勝山市	3,188,230	3.5%
鯖江市	3,391,805	10.5%
あわら市	2,514,171	5.6%
越前市	4,995,833	32.5%
坂井市	6,861,615	13.8%
市計	38,641,628	13.1%
永平寺町	3,264,106	3.5%
池田町	1,616,968	1.5%
南越前町	3,686,379	3.0%
越前町	5,470,268	2.7%
美浜町	868,193	▲5.7%
高浜町	161,890	▲26.5%
おおい町	701,891	▲40.5%
若狭町	3,684,329	7.7%
町計	19,453,814	3.4%
市町計	58,095,442	8.5%

福井新聞2010年７月24日

力だけですべて充足できるわけではありません。だからこそ、弱小の自治体の経営を保障する「地方交付税制度」は堅持されなければならないのです。

南越前町と同様、17位の池田町にも大きな産業はなく財源は地方交付税と国庫支出金に頼っています。町の面積の大部分は森林で、限界集落があちこちに見えます。でも、福島県の飯館村と同じように、住民が協力しあって行政を支え、農山村の素材を活用したさまざまな取り組みを企画してきました。

そうした努力の結果でもあるのでしょう。財政力指数では最下位（17位）の池田町の「将来負担比率」（借金返済など将来に及ぼす影響の度合いを示す指標）は、おおい町や高浜町と同じく0なのです。再生を目指す町が目標とすべき自治体モデルは池田町でしょう。

膨らみすぎた立地市町の財政

中川平太夫知事が「原発は嶺南の振興に役立たなか

原発立地４市町村の歳出構造　類似団体との比較

（2013年過去３年間）　単位：倍
『原子力発電と地方財政』井上武史、晃洋書房より

平成22年	美浜町　Ⅲ－２	おおい町　Ⅱ－２	高浜町　Ⅲ－２	敦賀市　Ⅱ－３
人件費	1,453	1,381	1,277	1.116
物件費	1,369	2,639	1,813	1,403
維持補修費	1,279	1,997	2,569	3,127
扶助費	1,057	1,601	0,945	0,841
補助費等	1,565	1,350	1,014	1,377
繰出金	1,366	2,228	2,132	1,345
投資的経費	2,900	3,869	1,562	2,052
歳出総額	1,650	2,077	1,429	1,264

※Ⅲ－２、Ⅱ－２などの記号は類似市町村の平均。立地市町では、物件費、維持補修費、補助費、投資的経費が大きい。

った」と県議会で陳謝したのが30年前。自民党の山本順一県議は「立地市町の財政は膨らみすぎ、この先どうなるかわからない」と追及しました。山本氏の指摘はまことに慧眼であったといわざるを得ません。残念ながら、今の自民党には山本順一氏のように大局的な見地から県の将来を憂い深慮遠謀をめぐらすことのできる県議はいません。

周知のように「電源交付金」の使途は当初は道路や公共施設などの建設事業（投資的経費）に限られ、箱物がたくさんできました。原発を立地した自治体の支出は、総じて建設事業費の割合が高く、二〇一三年になっても建設事業費の支出は類似団体と比べ高率です。（上表「原子力発電と地方財政」）

普通交付金の配分額は、人口や学校数や老齢化率などから補正して割り出した標準的な財政需要額と収入額との差で決まるため、人口規模に見合わない施設や道路を造り過ぎると、後年その維持管理費など負担がきつくなることは周知のとおりです。

その後、「電源交付金」の使途が広がり、施設の維持費や職員（施設のみ）の人件費にもあてることができるようにはなりましたが、その膨らんだ維持管理費・人件費・物件費が今や財政圧迫の大きな要因になっています。

平岡和久立命館大学教授は、一九七八年・一九八六年・二〇〇一年の事業所統計から、一九七八年から二〇〇一年にかけて従業者数が増加している主な産業は、建設業（315人→833人）、電気バス・熱供給・水道業（351人→521人）、サービス業（442人→1、304人）であり、一方、製造業は（315人→132人）と減少していると報告しています（おおい町を事例とした論文「原発立地地域の経済と財政」）。

引き返す以外に自治体再生の手だてはない

フクシマ以前から、原発の廃炉は目前に迫った現実的課題でした。福井県は、確実にやってくる廃炉の時代を見すえ、そのときに派生するであろう様々な問題を想定し「廃炉プロジェクト」にもっと早くから取り組むべきでした。

原発は立地地域の産業構造に深く組み込まれているため、脱原発は地域に多少の痛みを伴います。ですから県は、ポスト原発のための諸政策を国に提言もし、原発に依存しない健全な自治体の将来像を先見的に描いてゆかねばならなかったのです。福島県大熊町の渡辺利綱町長は、「福島事故の数年前からポスト原発を見据え立地共生交付金のうち5億円を積み立て始めたところだったが」と述べておられました（二〇一二年三月二四日。於・越前市）。

立地自治体の行政や政治家は、迎えつつあるこの危機を悲観的に受け止めるべきではなく、むしろ健全財政に生まれ変わるために一度は辿らねばならぬ道と合点すべきです。

原発はよく麻薬にたとえられます。しかし麻薬であ

原発立地市町は借金が少なく基金が多い

一般会計	基金（預金）残高		起債（借金）残高	
自治体	平成22	平成25	平成22	平成25
敦賀市	126億	82億	197億	199億
鯖江市	36億	42億	285億	266億
おおい町	138億	140億	42億	33億
美浜町	37億	43億	40億	41億
高浜町	53億	63億	35億	22億
南越前町	32億	50億	101億	95億
双葉町	H20年　19億		H20年　40億	

ればなおさら、どんなに困難な道であろうと引き返す以外に再生の手だてはありません。現状に追従するのではなく、来るべき時代を先駆的に読みとり政策提言をしてゆくのが首長や議員政治家の本来の使命ではないでしょうか。

福島県の佐藤前知事は、復興計画の基本理念として「原子力に依存しない社会を目指す」とし、「国と東電に10基の原発の廃炉を求める」と宣言しました。そして、電源三法交付金23億円の受け取りを拒否しました。世界に例を見ない原発集中立自治体である福井県も、福島県に続き脱原発を宣言すべきでしょう。

財政にゆとりあるうち脱・原発依存を！

さて、これまでに示したデータの多くは3・11以前のものです。原発が動き続けていても財政危機は避けられなかったのです。今後このまま惰性で原発を動かし安逸をむさぼり続ければ、やがて福島県の双葉町のように財政が破綻し、町長の給与さえ払えなくなるかもしれません。

福島県の「双葉町は原発の交付金で潤い、下水道やハコモノを整備したが、最近は維持費などから財政状況が悪化した」（毎日新聞二〇〇八年十二月一六日）のです。これも3・11以前の話でした。

痛みの緩和策を政府に一緒に訴えよう

もちろん、原発の廃炉が決まれば電源交付金はゼロになります。しかし、固定資産税など原発関連税の減収分の75％が普通交付税で補填されゼロにはなりません。先に見たように、美浜町や高浜町の収入額は、電源立地交付金や原発関連税収の無い南越前町と変わらなくなっています。原発が無くても、自治体経営は成り立つのです。

私は原発立地市町のタクシー会社や民宿、飲食業の苦境も承知しています。しかし嶺南で観光の伸びしろが十分あることは2章で分析したとおりです。民宿は、これまでのように原発労働者だけでなく、一般の観光客を受け入れる準備を進めるべきでしょう。その民宿の改装資金、あるいは原発停止で売り上げ減が20％を超える関連業者の転業資金として、町の基金を助成あるいは無利子貸与などで活用すべきです。

また広域自治体間の連携による公共施設の共同運営などによって投資的経費（建設事業費）を極力抑えつつ、使用頻度の少ない施設の整理、地域内でお金が回るサービス産業の育成など早急に取り組むべき課題は見えています。行政はそこに最大限の努力を傾けるべきです。資金がそれでも不足するというなら、原発の廃止に伴う痛みの緩和策を政府に求めるべきでしょう。

「廃炉交付金」制度について

経産省は二〇一五年十二月、廃炉により「電交付金」が打ち切られる自治体に前年度実績の八割の額を交付する「廃炉交付金」制度を創設しました。交付額は今後十年間で段階的に減らす方針です。

しかし二〇三〇年の電源比率を原発20～22％とする方針の政府が「廃炉交付金」制度を全原発に適用することなど想定していません。自治体の判断で原発を廃止でき、いつでも「廃炉交付金」を受け取ることができる仕組みを国に作らせなければなりません。沖縄県の翁長知事のようにそれを県民とともに国に求めるのが知事や県議の仕事であり、それこそが「自治の実践」なのです。

原発関連企業　おおい町・高浜町で60社

二〇一二年に高浜町長が記者会見で「関電は毎年、原発関連で約1、500億円の維持管理費を使う。うち約175億円が協力会社の約180社に回る」「さらに職員らのタクシー代や民宿、飲食業で35億円が地元に落ちる」と発表しました。180社とは嶺南全域での数で、そのうち高浜町は約30社です。おおい町については、福井県立大学地域経済研究所（その1）が次のように報告しています。

土木関連工事、建設関係工事、機械電気関係工事、委託業務、その他工事といったメンテナンス業務で大飯発電所に参入している町の企業は約30社。また、大飯原発の職員数は500人で、そのうち357人が県内雇用。おおい町出身者は16人。

福井新聞は「嶺南、（原発）関連産業に偏向」という見出しで、次のように書きました。

県の集計によると、製造業の従事者数の構成比は嶺北の22％に対し、嶺南は12％。越前・鯖江・坂井の三市では30％を超えるが、原発のある美浜・おおい・高浜町は6％前後にとどまる。

唯一の例外は、電源三法交付金を活用して県が整備した若狭テクノバレー（若狭中核工業団地）を抱える若狭町の23・6％。逆に嶺南で目立つのは建設業の12・7％。嶺北の7・8％より高く、おおい町は県内最高の24・2%。原発の建設・修理、加えて電源三法交付金を使ったハコモノ建設が建設業を伸ばしてきた。（福井新聞二〇一二年二月三日）

まさに、かつて美浜町などが、「原発はその特殊性のため地域産業との結びつきが弱い」と総括した問題がまったく克服されていないのです。

民宿・旅館業の現状に関しては平岡教授が前掲書で書いています。

一九八〇年頃の大飯町観光協会のパンフレットには、旅館5軒、民宿51軒が書かれていた。近年の民宿の宿泊客は年々減少傾向にあり、福井県の資料によると、二〇〇三年には大飯町の民宿は78軒あったが、二〇〇五年以降は48軒に減少した。これは、原発関連企業が独自の宿泊施設を持つようになったことが一因であるといわれている。

では嶺南地域で実際に原発停止で深刻な影響を受けている企業の数はどれくらいあるのでしょうか。

原発停止で「深刻な影響」業者は少ない

敦賀商工会が会員企業１、７５９社に原発停止による影響を調査した二〇一二年のアンケートでは「すでに影響がある」の回答は98社。「今後影響が出てくる」が１０９社。計２０７社は原子力関連事業所の取り引き企業で、一番多いのが「建設」でした。

この２０７社のうち売り上げ減が「50%を超える」企業は８・７%でした。２０７社の８、７%は18社ですから、会員企業１、７５９社のうちでは１%たらずです。（福井新聞二〇一二年五月二十六日）

また、二〇一五年の敦賀信用金庫の調査では、敦賀・美浜・若狭の５０８業者のうち「原発停止に伴う売り上げへの影響なし」が前回調査から3ポイント増加して52%だったと中日新聞が伝えています。「影響あり」の企業は48%で、そのうち売り上げ減10%以内の企業は33%（１５８社）、10~30%減が９・６%

敦賀信金業況アンケート

原発停止影響なし52%

敦賀信用金庫（敦賀市本町一）は、敦賀市、美浜町、若狭町三方地域の五百八事業所を対象に三月に実施した業況アンケートの結果を発表した。原発停止に伴う「売り上げへの影響なし」と回答した企業が前回調査から3ポイント増えた52%となり、初めて半数を超えた。

建設業百五十二社、卸・小売業百四十二社、サービス業七十八社などに面談で聞き取り調査した。

原発停止が売り上げに影響を与えている、と答えたのは、回答があった四百七十九社中の48%に当たる二百三十事業所。そのうち売り上げへの影響が10%以下と答えたのは百五十八事業所で、10%超に当たるのが七十二事業所。特に建設、卸・小売り、飲食業が影響を受けていると分析した。

景気見通しが上がると見る企業数から、下がると見る企業数を差し引いた「景況判断指数」（BSI）はマイナス11%となり、前回調査より2・35ポイント改善し、「消費税引き上げによる落ち込みから回復の兆しが見られる」とまとめた。

設備投資についても、前回調査より九事業所増の五十一事業所が計画しており、「若干明るい兆しが見られる」とした。（角野峻也）

中日新聞2015年５月28日

（46社）、30～50％減が３・５％（17社）、50％超が１・９％（９社）でした。

売り上げ減が10％を超えて深刻な影響を受けている業者は72社にとどまっています。これは、県大レポートも指摘しているように、原発産業は他産業のように建設事業以外の関連産業を育てる効果がなかったという事情とも関係があります。

翌年（二〇一六年春）の、同じく敦賀信用金庫の調査では、影響なしが前年より微増して54・７％（２６７社）。そのうち10％減が30・５％（１４９社）、10～30％減が10％（49社）、30％以上減が３％（15社）、50％超減が１・６％（８社）でした。影響が出た企業は、建設業・卸小売業が30％、サービス業が15％、飲食業が９・４％、製造業が８・３％です。

さらに二〇一六年秋の業況調査では、「影響なし」が58％と増加しています。これは、原発関連以外の仕事を受けるなど、企業努力が続けられているからだそうです。（中日二〇一六年十一月二十二日）

未来へ展望を示すとき。「財源依存も脱却を」

廃炉は近い将来必ずやってくる。問題を先送りするな。原発財源についても、依存体質から抜け出す時期ではないか。廃炉が進んだとき、その穴をどこに埋めてゆくのか。立地の地元をはじめ、脆弱な産業基盤の本県が原発なき後どのように生き残ってゆくのか。21世紀にむけた心機一転の取り組みが必要。他地域のモデルとなるような明確な展望を示してほしい。（一九九一年四月二一日）

25年前、福井新聞は警鐘を鳴らしています。しかし、県の政治・行政は、それに応えることなく惰眠をむさぼり続け、近い将来必ず訪れる問題を「先送り」してきたのです。

それから15年後、3・4号基増設計画が足踏み状態の中、敦賀市はようやく脱「原発依存」を意識化した企業誘致の取り組みをはじめました。

『原発ができて三十数年、地域経済も硬直化している。』（市幹部）とし、「原発依存」からの脱却を目指し、モノ作りができる新産業の企業誘致へと舵を切った。（福井新聞二〇〇五年五月二一日）

“栗田丸” 明日の課題 ③
原発
未来へ展望示す時
財源依存も脱却を
原発の安全向上へ 新システムを検討
7市長会 市にも即時通報 美浜事故で

福井新聞1991年４月21日

4 原発のゴミ問題の議論を始めよう

アベノミクス不況で苦しむ全国の中小企業

中小企業家同友会は、二〇一五年春の景況調査で、「全国の中小企業の業況水準DIは△1→△6と悪化。アベノミクス不況が続き、4期連続マイナスで景気停滞。景気の二極化が鮮明」と報告しています。（業況水準DIとは、景気が「良い」と答えた企業の割合から「悪い」と答えた企業の割合を引いた数値）

二〇一六年春の調査でも業況水準DIは△2→△6と悪化。同友会は、「見通しは横ばいで、良くなる材料がない」と報告しています。

この調査でもわかるように、全国の原発とは無関係の地域でも多くの中小企業が苦しんでいます。原発立地自治体だけがあえいでいるわけではありません。これを書いている私自身も地場産業の零細経営者ですが、産地全体の売り上げは最盛期の1／2～1／3に落ち、得意先の倒産・合併や廃業に加え、仕入先の工場の廃業もあい次ぎ先行きが見通せなくなっています。

大企業の撤退で苦しむ全国の企業城下町の事例を紹介した日経ビジネス（二〇一二年十一月号）も書くように、たそがれの原発城下町でもまさに「地域の運命を特定の企業に委ねるのではなく、自らの力で切り開こう」と歯をくいしばって努力するほかないのです。

西川知事は原発推進の強い意志

西川知事は、ことあるごとに「原発に関する問題は国に一元的な責任がある」「福井県は国策に協力してきただけ」と責任逃れの言いわけをしますが、二〇一五年にまとめた「廃炉・新電源対策室」の第一次報告書（廃炉・新電源対策に関する内外の現状と課題について）では、「原子力を重要なベースロード電源として、我が国がこれまで培った原子力技術をさらに高め、安全性をさらに高めた新型炉への転換を図っていく必要がある」と、原発推進の強い意志を示しています。

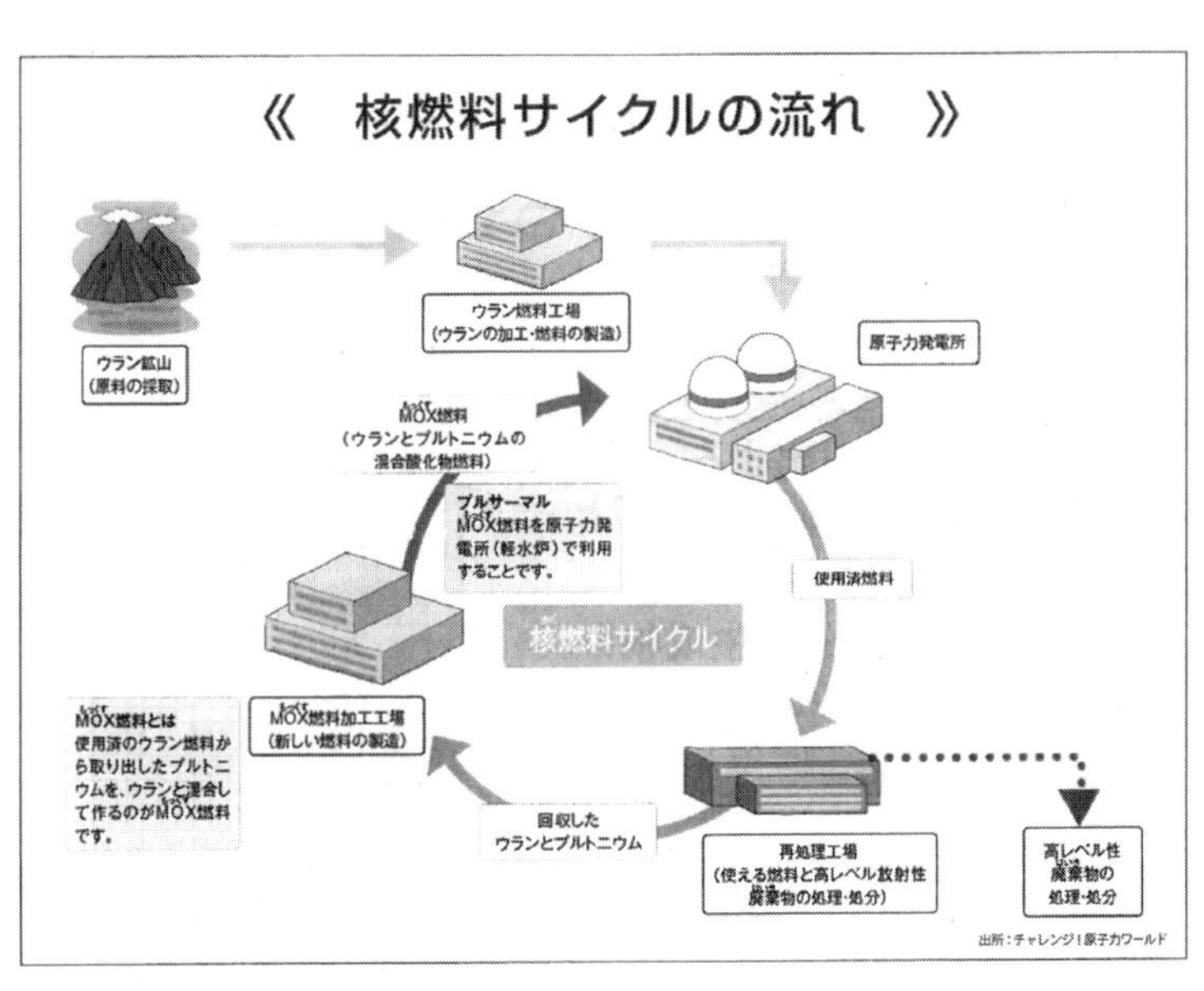

「チャレンジ！原子力ワールド」中学生向け副読本

さらに新型炉や新増設・リプレースへの期待までを堂々と述べ、報告書の「おわりに」では、「原子力発電が重要なベースロード電源としての役割を果たすことができるよう、encourage（奨励）する政策が必要である」などと、政府の尻をたたくほどの積極的な言葉でまとめています。

命運の尽きた原発に執着し、時代の潮流を見誤った知事そして県官僚は、県民を一体どこへ誘おうとしているのか、私は彼らを糾問したい思いで一杯です。

原子力政策の破綻を認める資源エネルギー庁

二〇一六年七月、私は福井市の市民が企画したエネルギーと環境の勉強会に参加しました。講師は、原子力文化振興財団から派遣された某大学教授です。講師の話は、「資源の無い日本は、原発なしではやってゆけない」の一点張りで、その内容は「CO2を出さない原発で温暖化を防ぐ」「防潮堤で津波対策をし、耐震工事で補強、安全対策さえすれば安全」「中国の原発は危険だが日本の技術力は高い」など、福島原発事故以前に国や電力会社がさんざん言いふらし、反対派からことごとく反証を突きつけられている話ばかりでした。

講師がパワーポイントで示した資料の出展は、二〇〇八年に文科省が作成した原子力・エネルギー教育の中学生向け副読本です。福島原発の事故後、原発の安全性を強調する内容が批判を浴び廃本となったものですが、彼はそのようないわくつきの資料を使っていたのです。その資料の中に「核燃料サイクル」の概念図がありました。私がとくに驚いたのは、そこには「高速炉増殖炉」が消され、代わりに「プルサーマル」が置かれていたことです。

軽水炉原発・再処理工場・高速増殖炉、この三つが三位一体で「核燃料サイクル」を構成しています。高速増殖炉はその中核を担う不可欠の存在です。

高速増殖炉が横綱ならば「プルサーマル」は子供相撲の豆力士です。実験炉の「もんじゅ」は幕下にすぎませんが、それよりはるかに劣る「プルサーマル」に「核燃料サイクル」の一翼を担えるはずがありません。つまり、核燃料サイクル図から「高速増殖炉」をはずしたということは、文科省が「核燃料サイクル」の破綻を自ら認めたことになるのです。

講師は「余剰プルトニウムの大量保有は、核武装の疑惑を持たれ国際的な批判を浴びる。プルサーマルで消費する」と紋切り型の言い訳をします。しかし、核疑惑を払拭したいのなら、ただちに六ヶ所村の再処理は止めなければなりません。破綻した政策を、無理に言いつくろうとするから、さらに矛盾を露呈することになるのです。

そもそも「核燃料サイクル」の本旨は、プルトニウム増殖とリサイクルにあります。プルトニウムを消費するだけなら、それを「核燃料サイクル」とは呼ぶべきではありません。敗色濃厚となった大戦末期に「退却」を「転進」と言い換えた詭弁と同じです。

朝日 2010年11月9日

私の視点

原子力政策

八方ふさがり 大綱見直せ

元東京電力副社長・工学博士
豊田（とよた） 正敏（まさとし）

最近、地球温暖化対策、化石燃料価格の高騰やエネルギー安全保障の観点から、温暖化ガスを出さず、大量のエネルギーを安定的、経済的に供給できる原子力発電所の建設の機運が世界的に盛り上がっている。我が国でも原子力発電の重要性が再認識されてきている。当面は40年間の運転実績と改良を経て経済性、安全性、信頼性に優れているウラン燃料軽水炉が原子力発電の主流であり続けることは確実だろう。

原子力発電に対する我が国の政策として2005年10月に策定された原子力政策大綱がある。ウラン資源の枯渇と価格高騰に備え、ウラン燃料軽水炉に続く次世代原子炉として高速増殖炉を採用する基本路線が示されているが、高速増殖炉の原型炉「もんじゅ」は1995年12月のナトリウム漏れ事故から14年間、運転が止まっていた。今年ようやく再開したが、すぐにまたトラブルを起こしている。

高速増殖炉は建設費が高くつくうえに、燃料の成形加工費や再処理費も割高であり、今世紀中に軽水炉並みの経済性が得られる見通しは暗い。ナトリウムが漏れた場合、コンクリートと激しく化学反応し、また制御棒不動作が起きれば暴走事故となって燃料が粉々に飛び散る危険性があり、安全性、社会的受容性に欠ける。

そこで高速増殖炉実用化までのつなぎとして、ウラン燃料軽水炉から発生するプルトニウムにウランを混ぜた混合燃料を軽水炉で燃やす「プルサーマル」が登場した。だが、ウランが中性子を吸収するため、プルトニウムは逆にたまり続けて核拡散の問題があり、高レベル廃棄物も大量に発生する。ウランの代わりに、プルトニウムを全く発生させないトリウムをプルトニウムに混ぜた混合燃料の採用を検討すべきだ。

さらに、高レベル廃棄物の最終処分の事業主体として、原子力発電環境整備機構が00年に発足したが、処分候補地を公募方式だけに頼っていて、何らの進展も見られていない。まず処分場の最適地を選び、知事や地域住民を説得する方式を採るべきだ。また、青森・六ケ所再処理工場のガラス溶融炉の不具合による度重なる遅れなど、大綱の前提が大幅に崩れてきている。

原子力政策を担う原子力委員会は、政策大綱に示された計画が予定通りに進んでいないことを認め、従来の基本路線にとらわれることなく、具体的解決策を明示すべきだ。大綱の単なる作文的見直しにとどまらず、適切なフォローアップを行い、それを実現することが重要である。八方ふさがりの現状を抜本的に見直すためには、原子力委員に実際に大型プロジェクトを手がけた経験のある人物を任命する必要がある。特に委員長には、学者や官僚OBでなく、かつての正力松太郎氏や土光敏夫氏のような実行力のある大物を選任してほしい。

投稿は〒530・8211朝日新聞大阪本社「私の視点」係か、dai-shiten@asahi.com へ。新規の原稿に限ります。電子メディアにも収録します。

朝日新聞2010年11月９日

もっとも、商業用高速増殖炉が完成しても、それだけでは「核燃料サイクル」の輪を完結できません。高速増殖炉の使用済み燃料を再処理し、増殖プルトニウムを取り出す第二再処理工場が必要だからです。その工場は、どこに建て誰が運営するのか。その目処すら立っていません。軽水炉の使用済み燃料を再処理することすら困難な状況で、第二再処理工場など「夢のまた夢」なのです。

政府は「核燃料サイクル」の破綻を覆い隠すための糊塗策としてプルサーマルを登板させましたが、実は電力会社自身も、うわべの宣伝とは裏腹に本音はやりたがっていません。たとえば、元東京電力副社長の豊田正敏氏は二〇一〇年に「原子力政策は八方ふさがり。原子力政策大綱を見直せ」と、プルサーマルに対しても否定的な見解を述べています。経済性の問題のほかに、プルサーマル運転で管理のより厄介な使用済み燃料が発生してしまうからです。（二〇一〇年一一月九日・朝日新聞）

本音ではプルサーマルを望まぬ電力会社は、「プルサーマルで資源リサイクル」と宣伝しつつも、つじつま合せに各社1～2機を差し出しただけです。「核燃料サイクル」の破綻が明白になれば使用済み核燃料の行き場がなくなり、軽水炉の運転が続けられなくなるからです。さらに帳簿上の資産である使用済み核燃料は、たちまち資産価値のない核のゴミとなってしまいます。

原子力カルトの呪縛から解き放たれるとき

二〇一六年秋、政府内で「もんじゅ」廃止の議論がはじまると、文科省は「もんじゅ廃炉後、どうやって核燃料サイクル政策を維持するのか」「ひいては原子力政策全体が立ちゆかなくなる」と開き直りました。逆説的に言えば、まさにそれこそが「核燃料サイクル」の旗を降ろせない理由だったのです。

「もんじゅ」を廃止しても「核燃料サイクル」は堅持し、再処理で抽出されたプルトニウムはフランスと共同開発する高速炉（増殖はしない）で焼却するなどという政府の欺瞞に私たちはだまされてはなりません。

旧動燃の石渡理事長はすでに24年前に「もんじゅは今世紀中に増殖をやめてプルトニウムを焼却する炉に改造する」と路線転換を表明しています（毎日新聞一九九二年五月三〇日福井県版）。

当事者は早くから、プルトニウム増殖とリサイクルつまり「核燃料サイクル」の実現は無理とあきらめていたのです。それでも、政府や電力業界は「核燃料サイクル」の破綻を認めず、実現不可能な政策を長年にわたり国民にまことしやかに宣伝してきました。

引き受け先の無い使用済み核燃料

英国石炭公社の顧問を勤めたE・F・シューマッハ博士は一九六五年に、自らを「異端」と規定しつつ原発のゴミ問題について次のように講演しています。

（第3種郵便物認可）　毎日新聞　（平成4年）5月30日（土曜日）　総合

もんじゅ先行き不透明

いきなり転換表明
動燃理事長「増殖炉やめ焼却炉に」

動力炉・核燃料開発事業団（動燃）が来年三月臨界を目指す高速増殖炉（FBR）「もんじゅ」（福井県敦賀市白木）の安全協定と、同市と同県美浜町が接する敦賀半島のもんじゅを含む四原発の立地並み隣接協定が二十九日、県庁で締結された。石渡鷹雄・動燃理事長はもんじゅの将来について、プルトニウムの増殖炉から「焼却炉」（高速炉）への転換を示すなど締結早々から不透明な先行きを暗示する形となった。

調印後、高木孝一敦賀市長は「もんじゅの試験や運転は慎重の上にも慎重を」と注文。石渡理事長は「スケジュールにこだわらず安全第一でやりたい」と答えた。記者会見ではさらに「もんじゅはプルトニウムの増殖が開発の目的だったが、FBR実用化の時期は二〇三〇年とみられる。もんじゅの役割の『増殖』の部分は弾力的に考えた方がいい」と述べた。さらに石渡理事長は「核兵器解体に伴うプルトニウム余剰で海外では増殖炉から高速炉へ力点が移っているので、プルトニウムを減らす改造を今世紀末にも考えてい

る」と路線転換を示した。

一方、この日成立した協定は五通。すでにあった立地協定五通、小浜市と大飯原発の小浜市隣接協定、その他の隣接協定五通、隣々接協定十二通をきめると、同県内の十一市町村が関係して五種類、二十八通になった。ナトリウム事故などの通報義務などを盛り込んだもんじゅの立地、立地並み隣接協定を別にすると七種類。このほか京都府の安

福井県の原発安全協定の主な差異

「立地」は県当局を含む　「小浜市」は対大飯原発	立地	立地並み	小浜市	隣接	隣々接	京都
原子炉増設の事前了解	○	□	□	△	×	□
施設重要変更の事前了解	○	□	×	×	×	×
核物質輸送の事前連絡	○	○	○	○	×	×
労働者多量被ばくの報告	○	○	○	×	×	○
環境放射能の定期報告	○	○	○	○	×	○
原発内立ち入り調査権	○	○	◇	◇	◇	×
安全確保措置の要求権	○	☆	×	×	×	☆
損害の補償	○	○	▽	▽	▽	○
国への全報告事項の連絡	○	×	×	×	×	×
立地協定外の定め	／	×	×	×	×	○

注：□＝意見具申可能△＝事前説明◇＝同行可能▽＝立地協定を運用☆＝要望を善処　※もんじゅ協定はナトリウム事故、輸送報告を含む

安全協定　より複

「もんじゅ」プルトニウム増殖 打ち切り
動燃理事長 今世紀末にも改造

高速増殖炉原型炉「もんじゅ」（福井県敦賀市、出力二十八万キロワット）を機能試験中の動力炉・核燃料開発事業団（動燃）の石渡鷹雄理事長は二十九日、今世紀末にも、もんじゅをプルトニウム増殖しない炉に改造する方針を明らかにした。世界的なプルトニウム余剰の中で、日本の増殖路線への厳しい批判をかわすのが狙いとみられる。

高速増殖炉は、高速度の中性子を使ってプルトニウムを燃やすと同時に、燃えないウランから新たなプルトニウムを生む（増殖）原発。次世代原発の本命として米国、ドイツなどが開発を進めたが、制御が難しく発火しやすい液体ナトリウムを冷却材に使う原子炉の危険性と、ばく大な建設費などを理由に、相次いで撤退を決定。最先端を行くフランスも安全問題で停止中だが、ウランの世界的な余剰・低価格化を背景に、原子炉のプルトニウムを増やさないよう改造した。

資源小国の日本は最も開発に積極的だが、世界の潮流のなかで、動燃は見直しを含めて検討していた。

もんじゅの安全協定調印のため訪れた福井県庁で記者会見し語ったもの。石渡理事長は「当分は増殖させるが、今世紀末から二十一世紀初頭には、増殖しない高速炉に替えることももんじゅの役割と考える」と方針転換を示唆した。

これに対し、高速増殖炉など建設に反対する敦賀市民の会の吉村清代表幹事は「高速増殖炉は資源の少ない日本には必要、としてきた国の原子力政策の破たんだ。意味のなくなった危険なものを運転するのは原子力実験船むつと同様、税金のむだ遣いだ」と話している。

福井県と敦賀市 動燃と安全協定
輸送事故報告義務付け

福井県と同県敦賀市は二十九日、国内初の高速増殖炉原型炉「もんじゅ」（同市白木）を総合機能試験中の動力炉・核燃料開発事業団（動燃）との間で安全協定を締結した。従来の安全協定に加え、原子炉を冷やす冷却材の液体ナトリウム漏れや輸送事故時の報告を義務付けたのが特徴。

放射性廃棄物貯蔵施設で異議申し立て
青森の市民グループ 科学技術庁に

青森県の市民グループ「核燃サイクル阻止一万人訴訟原告団」（代表、大下由宮子・八戸工大助教授ら三人）は二十九日、日本原

毎日新聞1992年５月30日

「安全性」を確保する方法もわからず、何千年、何万年もの間、ありとあらゆる生物に計り知れぬ危険をもたらすような、毒性の強い物質を大量にためこんでよいというものではない。

そんなことをするのは生命そのものに対する冒涜であり、その罪は、かつて人間のおかしたどんな罪よりも数段思い。文明がそのような罪の上に成り立つと考えるのは、倫理的にも精神的にも、また形而上学的にいっても化け物じみている。

『スモールイズビューティフル』

もう一つの「警鐘」を国の原子力推進機関が鳴らしていました。一九八四年に「日本原子力研究所」の若手研究者たちが「放射性廃棄物の処理・処分が社会的問題となり原子力開発を制約する」「90年代に極めて深刻な事態になる」と報告していたのです。もっともこれは「クライシス（危機）90」をなんとしても避けたいとの主旨でまとめた報告書ですが、はたして彼ら

84.7.3 毎日

原発の将来、悲観的

原研若手ら3年前に指摘

廃棄物、安全性など壁に

「90年危機」説も

対応策探る

毎日新聞1984年7月3日

たまり続ける使用済み核燃料

原発運転に支障も

2000年過ぎに厳しい状況

朝日新聞1996年9月8日

の危惧は回避できず、危機は現実のものとなったのです。

もんじゅに端を発する「核燃料サイクル」の破綻の連鎖で、原発サイトのプールにためこまれた使用済み核燃料の行き場がなくなっています。プールが満杯になると燃料交換ができなくなり、原発の運転もできなくなるのです。

上段左の朝日の記事「たまり続ける使用済み核燃料」をご覧下さい。これは20年前に書かれたものです。その後、福井県は一九九八年に日本原電と関西電力にプールに収納するピットの間隔を狭める工事を認め、収納スペースにいく分余裕が生まれましたが、それは根本的な解決策とはなりませんでした。県はその際、使用済み核燃料を貯蔵する候補地を県外に二〇〇〇年までに見つけ、二〇一〇年までに建設することを日本原電と関電に約束させています。しかしその際、関電の秋山社長は、「中間貯蔵施設の建設がスムーズにいくとは思っていない」とマスコミに本音を漏らしていました。案の定、二〇一〇年までの建設どころか候補地すら見つけられず、県との約束は守られませんでした。

使用済み核燃料で「貯蔵ビジネス」？

西川知事は、使用済み核燃料は原発の電気を消費してきた関西の人たちが引き取るべきだと主張し、それに同調する県議もいます。国策とはいえ、県や地元自治体が三法交付金や税収・寄付金をあてこんで受け入れた原発から出るゴミです。そのゴミを今さら他県に押し付けようという開き直りは決して倫理的な振る舞いとはいえません。そもそも、国のみならず県のトップリーダーたちも、見ようとさえすれば見えるリスクに眼を背けながら原発の運転を許してきました。その責任を免れることはできないはずです。

二〇一五年十月、政府は、原発敷地内外を問わず、中間貯蔵施設などの建設・活用を進める自治体に交付金を交付することを閣議決定しました。その後、関電は二〇二〇年ごろに計画地を確定し、二〇三〇年ごろに操業を始めると表明しました。

しかし、仮に二〇三〇年に中間貯蔵施設を造ることができたとしても、それ以前に高浜3・4号機のプールは満杯となり運転ができなくなります。西川知事の後援者である福井商工会議所の川田達男会頭は「中間貯蔵も最終処分も全く見通しが立たない。貯蔵ビジネスと捉えて意識転換しないと、進まない」と考えはじめています。（中日新聞二〇一五年十二月二十四日）

原発を動かし続けるためには若狭で中間貯蔵施設を造るしかない、という経済界の圧力が強くなり、いずれ知事も県議も同調してしまうのではないでしょうか。

すでにある原発のゴミは、最後はどこかの町が引き受けなければなりません。しかし、いま一番肝心なことは、行き場のない核のゴミを新たに生み出さないと決意することではないでしょうか。知事や県議諸氏に私は心から訴えたい。原発を手仕舞いする議論を今すぐ始めることがあなたたちの仕事なのです、と。

使用済み核燃料の県外搬出がほとんど不可能に近いことを知りつつ、原発を推進し核のゴミを新たに生み出そうという知事もすでに「貯蔵ビジネス」を念頭に描いているのかもしれません。しかし、「貯蔵ビジネス」などと気軽に語る人には、シューマッハー博士の「かつて人間のおかしたどんな罪よりも数段重い」という言葉をかみ締めていただきたいものです。

使用済み核燃料を「野ざらし」にする暴論

二〇一六年七月、原子力規制委員会は、使用済み核燃料を入れた金属性容器を建屋に置かず野外での「野ざらし」方式の検討を始めると発表しました。更田委員は「テントでもいいのではないか」と賛同したそうです。恐ろしい議論をしています。

脱原発の市民運動グループ「若狭ネット」の長沢啓行先生（大阪府立大学名誉教授）は、美浜町が誘致を考えている使用済み核燃料の中間貯蔵施設について次のように警鐘を鳴らしています。

美浜町長は、関電の進める使用済核燃料の中間貯蔵施設を誘致し、「貯蔵ビジネス」にしようと考えているようです。直下地震の危険があり、ごく近くに多数の震源断層が走る美浜原発とその周辺に大規模な中間貯蔵施設を立地するのは耐震安全上危険です。また、関電の「核のゴミ」集積センターになってしまい、脱原発どころか自然・観光を売り物にする振興計画の妨げになり、原発依存症、しかも、最悪の「原発の負の遺産への依存症」から抜け出せなくなるでしょう。

原子炉は解体せず長期間　密閉管理すべき

敦賀半島で敦賀1号と美浜1号が運転を開始した当初は、原発の耐用年数は建物の減価償却が終わるころと考えられ、廃止された原発は解体しないといわれていました。47年前、読売新聞でさえ廃棄物の処理問題について次のように懸念しています。

原子炉の耐用年数は平均15年〜20年といわれる。耐用年数の過ぎた原子炉はもちろん運転休止にするが、取りこわすには放射能が飛び散るので、そのままの状態にしておくというのが学界や電力会社の方針。
なに分、世界で誰も知らない未知のことだらけに「福井県の美しい海岸線は、原電の墓場がずらりと並ぶのでは」といった不安が出るのも当然。県にも、将来の展望はなく場当たり的で「どうにかなるだろう」とたよりない状態。原子炉から出る廃棄物の処理もどうするのかの見当もついていない。（読売新聞一九七一年六月三〇日）

わが国ではその後、運転を終えた原発は解体し、その敷地の上に新しい原発を建てる（リプレース）方針に変わりました。そのため、廃炉は解体と同義語になっています。しかし、放射能で汚染された原発を解体すれば、捨て場のないゴミに変わるだけで他に利点はありません。長沢先生は、次のように訴えています。

用済みで汚染された機械をわざわざ解体し、労働者に被曝の犠牲を負わせ、行き先のない放射性廃棄物を増やすことにどれだけの価値があるというのでしょうか。私たちは政府に、原子炉を解体せず長期間密閉管理することを軸にした廃止措置計画へ転換するよう求めてゆきたいと思います。

福井県や美浜町・敦賀市など立地自治体や地元経済界の一部には「廃炉ビジネス」への幻想があります。しかし「廃炉ビジネス」は、労働者を被曝させながら行き先の無い放射性廃棄物を生み出し一般公衆に被曝を強要することを前提にします。「廃炉ビジネス」を進める者は、好むと好まざるとに関わらず、加害者の立場に立つことになるのです。

放射能汚染の鉄材が鍋やフライパンになる

一般公衆に被曝を強要することを前提にする、とはどういう意味でしょうか。長沢先生の話を続けます。

セシウム１３４とセシウム１３７はそれぞれ１００ベクレル／kgがクリアランスレベルの基準値です。クリアランスレベル以下だから、放射性廃棄物ではないですよ、どんどん使ってくださいということで、放射能に汚染された鉄材が溶鉱炉で溶かされ、皆さんのフライパンに化ける。建物の鉄材にも使われる。それがクリアランスレベルの未満の放射性廃棄物の再利用です。

どれくらいのレベルに定めるかと真剣に議論されているのがフライパンです。毎日フライパンで目玉焼きを作って、これで目玉焼きに移行する放射能のレベルがなんぼか、と真剣に計算しているんです。それでこのレベルだったらいいというのが決められる。フライパンは食べるわけではないので、少々高くてもよいという考え方です。

クリアランスレベルの現在の基準

皆さんは、食品衛生法上の放射性セシウムの基準値は一般食品で１００ベクレル／kgである、と聞かれたことがあると思います。

この一般食品のセシウムの１００ベクレルは、セシウム以外の他（ストロンチウムとか）の放射能の摂取を考慮して、セシウム１３４と１３７を合計した濃度が１００ベクレル／kg。ですからそれぞれ単体では、50ベクレル／kgと見なしてもよいと思います。フクシマ事故で放出された当時は、だいたい等量でしたから。

そう考えると実質的に、セシウム134と137は50ベクレル／kgということになります。クリアランスレベルの基準は、それよりも二倍高いのです。瓦礫や金属を食べるわけではないので、一般食品の基準より高くしてよいと考えています。

ところがWHOの飲料水のガイドラインは10ベクレル／ℓです。そういうことからいうと、この食品基準そのものも、（飲料水だけは10ベクレル／ℓに合せていますが）この食品基準のレベルは高い。そう考えると食品基準も下げなければいけないんですが、クリアランスレベルの基準は10倍高いんです。

「告示濃度限度」というのがあります。海へ放出してもいいよという濃度の限度で、福島第一原発からトリチウムを薄めて流そうと、田中委員長が言っていますが、そのトリチウムの告示濃度限度が6万ベクレル／ℓです。セシウム134と137の告示濃度限度は60ベクレル／ℓと90ベクレル／ℓで、クリアランスレベルはこれよりも大きいんですよ。これでいいんですかというのが基本的な問題だと私は思います。解体ゴミを高いクリアランスレベルに設定して、公衆の中に放出していっていいのかということがいま問われているんじゃないでしょうか。

すでに、ごく一部ですが、ベンチにしたり鉄材として再利用したりしています。それが今後、解体していけばどんどん出てきます。私たちは、現在の基準値を1／10以下に引き下げるべきだと考えます。引き下げるとどうなるか。クリアランスレベル以下であることを証明するために、いろんな検査をしなければいけない。廃棄物を全部検査してレベル以下であることを証明させる。基準値を1／10以下にすると検査に時間と費用がかかるんです。クリアランスレベル以下であるからと外へ放り出すためのコストがかかりすぎるので、事実上、検査ができなくなるでしょう。公衆が被曝する可能性というのはゼロに近づけるべきだと私は考えます。

被曝労働で生み出されるのは放射能瓦礫だけ

解体作業では労働者の被曝が避けられません。定期検査で被曝作業をする労働者がいなければ原発は動かせませんが、これまでに全国に40万人を超える被曝労働者（フクシマの作業員を除く）が生み出されています。長沢先生は、解体作業での被曝労働について次のように話しています。

原発を通常運転するための定期検査によって生ずる被曝とは違ってきます。定検は原発を維持するためで、電力生産の一環として位置づけられます。電気を生み出すために労働者に被曝の犠牲を強いてよいかという問題はあります。しかし、解体撤去のための労働者被曝というのは、この労働によって生み出されるのは何かというと、瓦礫だけです。電力は生産しません。

どこへも持ってゆくことのできないような放射性の瓦礫をどんどん生み出してゆく。クリアランスレベルで公衆の中に出てゆく放射性廃棄物をどんどん生み出してゆく。生産的な労働では一切ない。こういうような仕事に労働者が投入されて被曝してゆく。それは本当に正当化できるんだろうかということが問われなければなりません。

解体作業が先に進まぬ「ふげん」

私たちは原発の「廃炉」を「解体」と信じ込まされていますが、先述のように、もんじゅを含め廃止した原発はすぐには解体せず、三〇～一〇〇年のあいだは遮蔽管理すべきです。繰り返しますが、用を終えた放射能まみれの原発を解体することで何一つよいことはありません。労働者を被曝させ、解体した放射能ゴミも行き場がなく、さらにその莫大な費用を私たち国民が払う電気料金で回収しようとしているのです。

経産省は「総括原価方式」の廃止で原発の廃炉費用を原発事業者だけでは賄えなくなる恐れがあると、新電力にも負担させる議論を始めました。政府は年末までに結論を出す方針です。二〇一七年春に法制化して原発を持つ電力会社を支えてゆくつもりなのでしょう。

さて、政府は、廃止された美浜1・2号と敦賀1号の炉を解体・撤去し、放射性廃棄物を埋設処分・再利用する計画です。西川知事は会見で、原発（敦賀1と美浜1・2）の解体で出る低レベル放射性廃棄物についても、全て県外に搬出するよう事業者に求める考えを示しました。（中日新聞二〇一六年二月十六日）

しかし、すでに二〇〇八年から廃炉作業を進めている「ふげん」から出る放射性廃棄物の搬出先がどこにもないことを知りながらのパフォーマンスだとしたら、知事の罪は限りなく深いと言わざるをえません。知事は、放射性廃棄物を県内に留めておきたくないと本気で考えているのであれば、廃炉原発の解体を安易に認めてはならないのです。

NHKスペシャル『原発解体～世界の現場は警告する～』（二〇〇九年十月十一日放送）は、日本原電㈱の経営責任者の言葉を借りて廃炉解体事業の無展望・場当たり的な無責任さを告発しています。

ふげんの解体で出てくる放射性廃棄物は6万8千トンと見込まれていますが、二〇一六年七月現在すでに970トンの低レベル放射性廃棄物が出ており、それらは行き先がなくすべてタービン建屋内に仮置きされています。ふげん構内の貯蔵容量は200ℓドラム缶換算で2万1500本ですが、すでに運転中に出ていた放射性廃棄物が1万9000本貯蔵されているため、貯蔵の余裕はほとんどない状況なのです。

日本原子力発電㈱副社長の松本松治氏は、「解体をやっているのだけど、廃棄物がどう処分されるかわからない」「外に出せない場合は、そこに（発電所内）保管せざるをえないわけです」「そこがだんだんとひっ迫してくると、解体に着手ができない状況におちいっていくということになります」と本音を吐露していました。

それから3年後も状況は変わらず、ふげんの岩永茂敏技術主幹は「焼却するなど減量に努めているが、満杯になれば解体は当然ストップする」と語っています(二〇一二年三月十二日毎日新聞)。

さらに、ふげんが原子炉建屋の解体を前に進められないもう一つの理由・問題があります。国の計画では、二〇一三年度に原子炉周辺機器の解体にとりかかる予定でしたが、プールに貯蔵している使用済み燃料466体を搬出(予定では二〇一七年までに)できずにいるため、解体作業を進められないのです。政府の廃炉計画はかように場当たり的なものなのです。

ドイツの「廃炉ビジネス」は成功しているのか

中日新聞社説(二〇一六年六月二一日)は、高浜1・2号機の40年運転延長に関して「延命より新産業だ」という見出しで、ドイツでは「廃炉事業は成長産業」であると書き、廃炉事業で長期雇用が可能になると論じています。

しかし、日本の原発サイトにはすべての解体ゴミを保管できる敷地の余裕がなく、敷地の広いドイツのように作業を続けられない事情があります。先述したとおり、10年前から解体作業をすすめてきた「ふげん」は、建屋内にためこんだゴミが満杯となり、また使用済み核燃料の行き場がないため、作業が続けられなくなっているのです。

中日新聞社説は「ドイツには、原発建屋の撤去跡地に再生可能エネルギーの関連工場を誘致した例もある」と書きますが、これは放射能で汚染されていない建屋の隣だから建設が可能になったことです。社説も書くように、「ふげん」の解体作業に携わった地元企業はたかだか約180社にすぎません。すでに用を終えた放射能まみれの建物を国民に電気料金で負担させて解体する必要が本当にあるのでしょうか。しかも解体作業では多くの労働者が被曝します。わずかな雇用を生み出すためだけに、非人間的な作業を伴わざるをえない「廃炉ビジネス」を私たちは容認することはできません。長沢先生は「廃炉ビジネス」が長期的な産業育成や雇用に結びつくことはないであろうと述べています。

　解体作業は通常の火力発電タービン施設や一般建築物の解体作業の域を出ず、長期的な産業育成や雇用確保につながるような代物ではあり得ません。原子炉周辺の高度に放射能汚染された区域での解体作業は「高線量下の遠隔作業を必要とする限りで見かけ上の高度な技術開発」につながるとはいえ、原発解体作業以外への汎用性はなく、何よりも解体作業によって生み出される放射性廃棄物に行き先はありません。

3・11以降、ドイツでは「廃炉ビジネス」が成功していると、マスコミでもさかんに紹介されてきました。しかしドイツの場合は、原発サイトの敷地面積が広く、解体廃棄物を保管できる十分な場所がありますが、狭隘な入江に造られた敦賀・若狭の原発サイトにはその余裕がありません。

　ドイツの環境政策や原子力政策などに学ぶべき事柄は数多くありますが、「廃炉」の扱いについては、ドイツの経験をそのまま引き写しするのではなく、日本の現状を理解したうえで、県民国民レベルできちんと議論してゆく必要があるのです。

　また、ドイツの一面的な情報を鵜呑みにしてもいけません。解決不能な問題はドイツでも同様です。その点について、「日本再生可能エネルギー総合研究所」がドイツの「廃炉」の現状を次のように報告しています。

　ドイツの東北部の旧グライフスヴァルト原発基地は、22年経った今も解体と除染作業が続いています。さらに併設されている放射性廃棄物の中間貯蔵施設は新たな問題を生み出しています。廃止決定後、原発の停止作業に5年間の歳月を要し、続く解体除染作業は一九九五年にスタートし、17年後の現在まで続いています。これまでに費やしたお金は4000億円以上。二〇一三年半ばには、いったん解体作業が終了します。しかし、実際には、建物のほとんどは残ったままです。

また、使用済み核燃料や放射能の高い原子炉容器などは手が付けられず、隣接する中間貯蔵施設に保管され、将来の除染作業と最終処分場への移送を待つ状態です。ドイツでは最終処分場がどこになるか、まだ決まっていません。中間貯蔵施設が本当に「中間」でとどまるのかなど、地元の不安が残るままの状態が続いています。（二〇一二年六月八日「世界最大の原発跡地を見る」より）

5 私たちは、どんな社会 どんな国をめざすのか

予言の自己実現

ある健全な銀行に倒産の噂が広まり、それを信じた預金者が殺到して預金を引き出した結果、その銀行は本当に倒産してしまったという有名な話があります。米国の社会学者マートンは、その社会現象を「予言の自己実現（成就）」と名づけました。相手が戦争を仕掛けてくると思い込んだ二国間で、互いに軍備拡大をエスカレートし、その結果、本当に戦争が起きてしまう例えなどは、金正恩氏と安倍晋三氏に聞かせたい話ですが、これも「予言の自己実現」です。

「予言の自己実現」は、悪い例ばかりではありません。経済学者の神野直彦さんは、人々が「未来はこうなる」と未来を肯定的に描き、それに向かって努力すれば実現する確率は高まると語っています。「重要なことは、どういう社会にしていくのかという明確なビジョンをもつことだ」というのです。

「原発の時代は終わった」と私が本書の「はじめに」で書いたのは、「予言の自己実現」を期待したからではありません。原子力政策の破綻は衆目の一致するところで、政府はすでに「裸の王様」状態です。

とはいえ、原発が廃止されても廃棄物の問題が残るため、すべてが解決するわけではありません。また、私たちには、原発を無責任に推進してきた「中央集権体制」を壊し、地域主権の社会を実現するための制度や仕組みを整えてゆく仕事が残されています。立地自治体の市民は、地域再生の努力とともに、不正や不条理がまかり通ることのない公正な仕組みを、あとに続く者たちのためにつくりあげてゆかなければなりません。

その議論の前に、これまでの原発誘致の歴史を踏まえつつ、今日の現状を省みておきたいと思います。

原発を受け入れた福井県民は愚かなのか

「15基もの原発を造らせた福井県民は愚かだ、本当に迷惑だ」と都市部の人たちからお叱りを受けることがしばしばあります。しかし当該の立地地域住民は必ずしも唯々諾々と原発を受け入れてきたわけではありません。当初はそれぞれの現場で「地を這うような、血のにじむような」（中嶌哲演『原発銀座・若狭から』）住民の抵抗や反対運動があったのです。

一九七〇年、敦賀・美浜の原発が動き出すと、その直後から放射能漏れやトラブルが立て続けに起きます。そして、喧伝されていた「恩恵」もさほど魅力的ではないことがわかり、他県の新規立地計画地ではそれを反面教師として反対運動が勢いを得てゆきます。

もし逆に、他県のどこかの地域が先行して原発を建設し、福井県がその経験を手本にすることができていたなら、あるいは敦賀・若狭の住民の小さな抵抗を電力消費地の世論が支え、今日のように、国の原子力政策を批判的に包囲する国民世論が形成されていたなら、敦賀・若狭でもおのずと今とは違った展開になっていたでしょう。

若狭の立地住民の抵抗小史

原発導入期の県内各地の状況を一九八九年十一月～九〇年四月にかけて毎日新聞福井県版に連載された記事を基に概観しておきたいと思います。

【美浜町の場合】

県のきわめて前時代的かつ強引な手法で美浜町丹生地区への誘致が短時日のうちに決まります。経過は次のとおりです。

一九六二年五月十四日、美浜町長が県の開発公社から突然呼び出され、「六月五日に北知事と日本原電が、丹生への原発設置を公式に発表する。それまでに、地区民全員（68戸）の承諾書、本契約の印鑑証明を取っておくよう」協力を要請されました。丹生地区の役員有志は五月十八～二一日に東海村をとるものもとりあえず視察します。六月一日、区長は町職員と町議から「一両日中に契約を」と迫られ、反対意見もくすぶり土地の価格も未定のまま、翌朝の総会で「賛成でない者もいるようだが誘致を決定」を宣言します。そして予定通りの五日、日本原電は県庁で記者会見し「敦賀半島をアトムの半島にする」と発表。

その後、日本原電が予定地を関電に転売したため、丹生集落の中では「日本原電が来るという話で県の開発公社と契約した。関電では約束が違う。最初からだまされている。やっぱり原発は危ないもの」と半年間もめました。「区長にまかせておくと、どうでも原発を持ってくるんで殺さなあかん」と区長の家の玄関先で待ち構える住民もいたようです。とうとう北知事も丹生にやってきましたが、それでも結論が出ず、最終的に投票で決することになります。

実は、投票前には反対住民の数が多かったのですが、関電のベテラン社員の懐柔工作やさまざまな圧力がかかり、わずか三票差で負けました。記名投票でしたが、きわどくせめぎあったのです。今日のように、彼らを支援しようという世論もなく、孤立した状況の中で、科学的にであれ経験的にであれ、安全かどうかを確認することすらできぬまま誘致が決まったのでした。

【高浜町の場合】

敦賀・美浜の少し後になりますが、高浜でも、予定地に最も近い沿岸部の小黒飯という15戸の小漁村から反対の火の手が上がります。小黒飯地区は、巻き網漁法という当時珍しかった漁法を開発しており、漁の収入も多く、集落が裕福だったということもありました。

小黒飯の区長さんが当時、日誌に書いている反対の論理は明快で、すごく倫理的です。

「今のままで十分暮らしていける。平和な村を壊してくれたら困る。土地を売って金をもらってもそんなお金は一時的なものだからすぐどっかへ流れてしまう。後に残らない。結局は生活基盤を失くすだけである。こういった投機的な火遊びを取り除くために、今こそ立ち上がって反対しよう」

最初のうち、周辺の集落では原発を誘致して道路をつくってもらおうとの思惑があったようですが、小黒飯の集落がこのように毅然と運動を進めてゆくので、周辺の集落もついてゆくことになり、一九六七年に半島の集落を束ねた原発設置反対期成同盟が結成されます。

一方、関電の側も、社員が常時現地へ入り込んで住民への説得工作にあたります。相当お金も流れたでしょう。さまざまな裏切りもでて、結局この運動は潰えていくのですが、ともあれ当初はこのような住民の苦闘があったという事実を忘れてはなりません。

【大飯町の場合】

敦賀・美浜原発が運転開始2年目の一九七二年、大飯町でも計画が持ち上がり、国の原子力安全委員会の委員長が説明に来ます。そこで委員長は、「仮に事故が起きても、その確率は十万年から百万年に一回である」と語っています。こんな言葉に全ての住民がだまされたわけではありませんが、これ以上どうにもできないというところに次第に追い込まれてゆくのです。

隣町の高浜ではすでに原発の誘致が決まっていました。高浜原発から10キロぐらいしか離れていないため、高浜で事故が起きれば、被害は同じ。原発を持たずとも被害が同じならば、原発を誘致して道路や橋を作ってもらったほうがいいじゃないかという意見に傾いてゆきます。

大飯原発の計画地も敦賀・美浜・高浜と同様、リアス式の険しい海岸線にいくつかの集落が点在する、人がやっと通れるぐらいの小道しかない辺境の地でした。各集落の人たちにとっては、やはり広い道路がほしい。後に大橋が架かりますが、その橋を造ってもらいたい。そういう約束で原発を受け入れてゆくのです。

なお同時期に、小浜市で原発計画が持ち上がっていますが、候補地とされた矢代浦の区長さんが植木庚子郎代議士（自民党）を仲介に県にかけ合い、県道やトンネルなどインフラ整備を先にすませてしまいました。植木代議士は「原発は通り過ぎる開発でダメ！」と語ったという逸話も残っています。原発を誘致した当時の大飯町長は、念願の橋も道路もでき「将来は日本海の熱海にする」と夢を語っていますが、小浜市の計画が頓挫した理由の一つのように、地域の暮らしに必要な道や橋を県行政が整備してさえいれば、大飯町も原発を受け入れることはなかったのです。

その後、大飯原発の受け入れに関し、町長が関電との間で仮協定と呼ばれる密約を交わしていたことが発覚します。仮協定の第9条に「第三者からの異議・苦情の申し立て、補償の求めがあった場合には、町の責任で一切を解決し、関電にはいささかも迷惑・損害を与えないものとする」と書かれていたため、それを知った町民が怒りだしました。今日まで続く関西電力の傲慢な姿勢を顕著に映し出しています。

お医者さんの永谷さんを先頭に、町長リコール運動が起き、その過程で、この仮協定は破棄するという約束を町長から取り付けます。そして町長は辞任。選挙で新町長が誕生し、彼は建設工事を停止させます。日本の原発開発史上初めて、工事が三ヶ月間ストップするという前代未聞の出来事が起こりました。ところが町議会は、早く工事を進めろと、それに反対します。当時、関電の重役が「国策でやる原発の工事を一時中止させるというなら、この間にかかわる損害を地元に請求すべきだ」ということを堂々と述べています。企業城下町の水俣には、「チッソにはたてつけない」という市民感情がありましたが、若狭に君臨する「関電さん」にはたてつけないという感情がこうして住民の心のひだひだにしだいに浸みこんでゆくのです。

放射能は出さない約束のはずだった

一九七一年、アメリカで緊急時に炉心に冷却水を注入する装置が計画通りに働かないことが実験で確認されました。また、敦賀の浦底湾でコバルト60が検出され、「放射能は外に出さないという最初の約束と違うじゃないか」と若狭の住民の間に不安と怒りが広がります。同年、美浜町の漁協を中心に3号機の建設に反対する運動が起きます。しかし美浜町議会は、漁民たちが議会に提出した請願を不採択にし、住民の要望が聞き入れられることはありませんでした。

一九七三年には、美浜の一号炉で細管の損傷事故が起き、敦賀でも放射能漏れ事故がありました。同年、当時の環境庁長官の三木武夫氏は、「敦賀・若狭の自然を壊してまで原発を作ることは、これ以上はやめるべきだ」と国会で答弁しています。この時すでに、計画中も含め9基の原発がありましたが、これ以上はもう作らせないということを、三木長官は明言したのです。三木氏は水俣でも患者の救済を約束するなど、リベラルな政治家でしたが、政府内でそれ以上議論が深まることはありませんでした。

また、「嶺南地域を振興させるには原発が一番」として受け入れてきた中川知事は、一九七四年の県議会で、「9基以外の新増設は認めない、高速増殖炉の計画も断る」と明言しています。福井県でも早い時期に一度は転換の機会があったのですが、福井臨工の失敗もあり、知事はその後も原発を受け入れていくことになります（足羽川ダムと福井臨工ともんじゅの繋がりについては、『福井の原発と月の輪熊』を参照）。

世界的に原発建設計画が停滞し、国内的にも新規立地が困難になるこの時期は原子力政策の最初の転機でありえたのですが、残念ながらその後も、既設原発のある地点での増設が次々と進められてゆくことになります。

一部の業界と政治家による利権政治

毎日新聞は「おおい町の時岡忍町長が取締役を務める金属加工会社「日新工機」が二〇一〇年までの6年間に関電発注の原発関連工事を少なくとも65件、計4億4千8百万円を受注していたことが分かった。直接

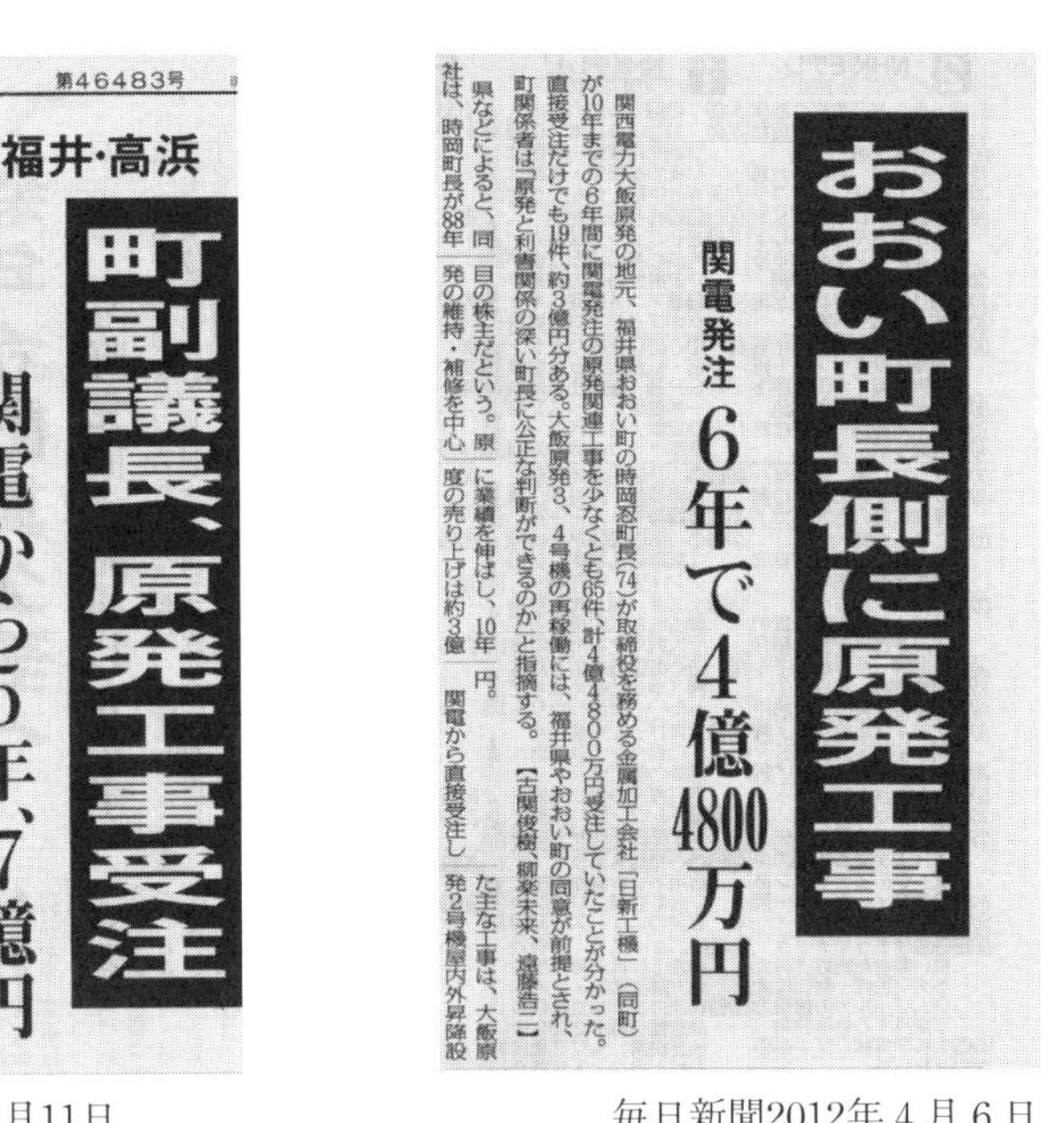

おおい町長側に原発工事

関電発注 6年で4億4800万円

関西電力大飯原発の地元、福井県おおい町の時岡忍町長(74)が取締役を務める金属加工会社「日新工機」（同町）が10年までの6年間に関電発注の原発関連工事を少なくとも65件、計4億4800万円受注していたことが分かった。直接受注だけでも19件、約3億円分ある。大飯原発3、4号機の再稼働には、福井県やおおい町の同意が前提とされ、町関係者は「原発と利害関係の深い町長に公正な判断ができるのか」と指摘する。【古関俊樹、柳楽未来、遠藤浩二】

県などによると、同社は、時岡町長が88年目の株主だという。原発の維持・補修を中心に業績を伸ばし、10年度の売り上げは約3億円。

関電から直接受注した主な工事は、大飯原発2号機屋内外昇降設

毎日新聞2012年４月６日

第46483号

福井・高浜

町副議長、原発工事受注

関電から5年、7億円

関西電力高浜原発が立地する福井県高浜町の粟野明雄・町議会副議長(62)が社長を務める同町の金属加工会社「粟野鉄工所」が2010年度までの5年間で、関電発注の原発関連工事を少なくとも133件、計約7億円分受注していたことが分かった。同町議会は昨年9月、原発再稼働などを求める意見書を、東京電力福島第1原発の事故後全国で初めて可決したが、粟野副議長はその提案者だった。多額の原発関連工事を受注する議員が原発事業を推進する構図が浮かび上がった。

（27面に関連記事）

再稼働意見書 主導

昨年9月に粟野副議長が提案した意見書は「脱原発に大きく振れてしまうことなく……原子力発電を堅持することを求める」などとして定期検査後の原発再稼働などを国に求め、賛成多数で可決された。

再稼働を巡っては、西川一誠・同県知事が

「国内のエネルギー事情を見て原子力が必要だと判断し、意見書を

中日新聞2015年６月11日

受注だけでも19件、約３億円分ある」と報じています。

また、中日新聞も「４人の高浜町議（定数14人）が経営、あるいは社員になっている下請け４社の原発工事受注額が、二〇一一年からの３年半で計７億８千万円を越えた」と報じました。中日新聞によれば、高浜町議会は二〇一一年九月に、国に原発再稼動を求める意見書を提出していますが、この意見書を中心になってまとめたのは、関電の下請け会社を経営する粟野副議長と関電社員の町議です。

粟野副議長が経営する「粟野鉄工所」は二〇一〇年までの五年間で、関電発注の原発関連工事を少なくとも１３３件、計約７億円分受注していて、大半の地元業者が年数件～十数件にとどまる中、受注数は突出しています。

原発立地市町の歳出に占める建設事業費の割合が高いことはつとに知られていますが、このように一部の業界が地域の政治を壟断し原発依存からの脱却を妨げているのでしょう。

福井県　　平成26年度　電源三法交付金(県分)198億円のうち約76億円が原発のために必要となる財政需要にあてられた

・「電源立地等推進対策交付金」 広報・調査など交付金	1.48億
・放射線利用・原子力基盤技術試験研究推進交付金	1.4億
・「原子力発電施設等立地地域特別交付金」	43.4億
（県道４路線の整備、バイパス用地取得・トンネル・道路）	
・「原子力発電施設立地地域共生交付金」大飯―名田庄道路	17.5億
・原子力人材育成推進事業（国際原子力人材育成センター）	1.6億
・原子力・エネルギーに関する教育支援事業交付金	３千万
・「原子力施設等防災対策等交付金」放射線等監視交付金	5.9億
・原子力発電施設等緊急時安全対策交付金	4.6億

焼け太りの電源三法交付金―多くが利権事業に

民主党の衆議員候補の斉木武志氏が福井で「規制委員会が認めた原発は再稼動すればよい。原発関連交付金は、福井に欠かせない。原発が止まっている現状で交付金は減っており、基準を見直さなければならない」と演説したそうです。（朝日新二〇一六年六月八日）

斉木氏のこの認識は明らかに間違っています。なぜなら、福島原発事故の前年（二〇一〇年）に交付された電源三法交付金は、県・立地市町・周辺あわせて２１６億円でしたが、二〇一四年度だけでも３００億円と大幅に増えています。私はこれを福島原発事故がもたらした「焼け太り」と評しています。

また、二〇一四年度の福井県に交付された電源三法交付金１９８億円のうち約76億円は、原発がなければ使う必要のない事業に使われています。そのち一番大きなものが、原発事故に備えた防災道路やトンネルの建設費です。

核燃料税も「原発があるために必要となる事業」に使われている

政治家はよく「核燃料税は、県の財政を支える貴重な自主財源」と口にします。しかし核燃料税は、「放射能測定、温排水の影響調査などの安全対策や原発立地によって生産活動の一部が制約される地域住民の生業対策、緊急避難のための交通体系の整備（避難道路・港湾整備）など原発があるために必要となった財政需要に充てる」財源なのです（『県税1000億円の歩み』一九九二年）。

私は一九九四年に、「核燃料税を県の財政を支える財源と呼ぶには無理がある」とする小論『原発の総括―県民の側からの』をまとめました（毎日新聞社「郷土提言賞」を受賞）。そこでは、原発があるために必要となった財政需要として一九八一～八六年に331億円が支出されたが、そのうち192億円を核燃料税で充てたものの、不足分139億円は一般財源からの持ち出しとなっていることを批判しました。

今回、核燃料税の使途の現状を調べるため、福井県庁の情報公開室へ足を運びましたが、一般財源として各課に配分されるため、使途の詳細を記した一覧はないそうです。

しかし、鹿児島県は、核燃料税の使途明細を公開しています。それによると、平成25～29年度の5年間の核燃料税の総額212億円のうち177億円（83％）が、原発がなければ必要のない仕事に使われることがわかります。その内訳は、原子力安全対策費（人件費・防災対策費など）に13億2800万円、環境保全対策費（環境放射線監視測定費・温排水対策費）に5億4500万円、民生安定対策費（非常緊急用道路整備事業費）に158億6900万円です。

また、福島県の二〇一〇年度の当初予算をみると、

鹿児島県の核燃料税の税収の使途　第７期：平成25～29年度

（核燃料税から支払われている「原発がなければ必要のない」お金）

費　　目	内　　訳	金　　額
原子力安全対策費	人件費・防災対策費など	13億2,800万円
環境保全対策費	環境放射線監視測定費 温排水対策費	５億4,500万円
民生安定対策費	非常緊急用道路 整備事業費	158億6,900万円
	合　　計	177億4,200万円

総額212億円のうち177億円（83%）が、原発がなければ必要のない仕事に使われている。福井県でも原発の数が多い分、鹿児島県を上回る「原発がなければ必要のない」お金が、核燃料税から支払われているでしょう。

核燃料税44億３０００万円が計上され、その70%にあたる31億円は県が放射線測定や防災ヘリコプターの維持、避難用の道路整備、被曝医療を担う医大病院の運営など、原発がなければ必要のない費用に充てられています。もちろん、原発を止めても、放射線監視などの仕事は半永久的に続けなければなりませんが、原発を停止すればその多くは無用になるお金です。

政府は、何が何でも原発を動かそうと、「原子力防災」と称し莫大なお金を垂れ流しています。土建業を潤し、議員の口をふさぐ。このお金の流れが、現実の政治を動かしているのです。以前から私たちが、「原発は最大の公共事業」と批判してきた所以です。このような無駄金の流れをどこかで断ち切り、矛盾の円環から抜け出す選択をしたいものです。

私たちは「避難計画の実効性」など望んでいません。いったん原発事故が起きれば、避難道路が整備されても汚染された故郷には戻れなくなるからです。私は、そのことの悲劇性を第一義に訴えたいと思います。原発さえ止めれば、このような事業に多額の血税を投ずる必要はなくなります。近所のお百姓が私に語ってくれました。

「原発事故の住民避難計画など必要ない。なぜなら、福島のような事故が起きたら、わしら百姓は田畑を担いで逃げることができん。原発を止めてほしい」

巨費420億円の原子力防災道路（敦賀・若狭）

高浜原発の周辺を取材中、整備中の原子力防災道路を見た女性週刊誌「女性自身」の記者は次のように驚嘆しています。

高浜原発正門前では、土ぼこりをあげながら、工事車両が行き交っていた。原発事故時に車両がスムーズに通行できるようにと、山をくりぬき原子力災害制圧道路を作っているのだ。総工費は、なんと約380億円。財源はすべて国の交付金だ。

そんな大金をかけて整備しないといけないほど、再稼働は危険なのか。（二〇一六年八月四日号）

福井県は二〇一二年に、敦賀、大島、内浦の3半島の4区間（①～④）の原子力防災道路の整備を決めました。原発に通じる道路を8～10年で複線化する計画です。道路幅は片側3メートルの2車線で、全体の半分程度がトンネルです。「女性自身」の記者が見た高浜原発正門前の道路は④です。

①通行不能となっている敦賀半島先端部の敦賀市白木―浦底を結ぶ5・6キロ。

②美浜原発につながる道路をバイパス化する美浜町佐田―竹波の5・1キロ。

③大飯原発に通じる道路から別の県道につなぐおおい町犬見―大島の3・4キロ。

④内浦半島先端部の高浜町音海から高浜原発付近を避けて南下する音海―小黒飯の1・4キロ。

この4区間とは別に、⑤⑥の2区間も、二〇一三年度以降に着手し8～10年で整備する予定。⑦⑧は二〇一二～二〇一四年の三年間で整備の予定。

⑤敦賀半島先端部の敦賀市立石から日本原電敦賀原発の南東側に抜けるバイパス約0・5キロ。

⑥高浜町難波江―神野の県道の線形改良約1・9キロ。

⑦国道27号から各原発につながる既存の道路では、計33カ所でのり面補強などの対策。

⑧おおい町中心部と大島半島を結ぶ青戸の大橋（全長743メートル）など7カ所で橋の補修・補強。

これらの総事業費は420億円の見込みで、4区間の整備費300億円は国に全額負担を要請し、残りの120億円は関電と日本原電に協力を求めています。

「女性自身」の記者の驚嘆はもっともで、国と電力会社の負担とはいっても、終末期を迎えた原発のために使われるこれら巨額の費用のすべては国民の血税と電気料金でまかなわれるのです。まさに「原発は金のなる木」です。

停止中でも年に1兆2千億円の維持管理費

この原子力防災（避難）道路の整備費、そして第4章で書いた廃炉解体の費用。これだけではありません。原発は停止していても、維持管理費などがかかっています。経済産業省は二〇一三年に、原発がすべて停止していても原子力発電費（維持管理費など）として計1兆2千億円のコストがかかると、二〇一一年度決算をもとに試算しています。

原発の運転には減価償却費や人件費、固定資産税など合計1兆5千億円かかります。このうち原発を止めると浮く費用は、使用済み核燃料の再処理コストや燃料費などの計3千億円。それを差し引くと停止中でも1兆2千億円の費用になります。（日本経済新聞二〇一三年三月二九日）

さらに二〇一四年度の決算では、この維持管理費は計約1兆4千億円となり、電気料金の原価として大半が電気料金に転嫁されました。なお、増加した約2千億円は、規制基準に沿った安全対策の工事費です。東京新聞は次のように書いています。

収益を生まない稼働ゼロ状態でも1兆円を超す巨額の費用がかかる構造が、再稼働を急ぐ電力会社が『原発の稼働が必要』と説明する背景にあり、脱原発派の早期廃炉論も強めそうだ。

（東京新聞二〇一五年八月一八日）

原発安全工事費に3兆3千億円

さらに加えて、原発の安全対策費にも巨額のお金が使われています。二〇一五年五月、新規制基準で必要となった追加の安全対策費が電力九社で少なくとも総額2兆3700億円を上回る見通しであると東京新聞は報じています

経済産業省が二〇一三年秋に公表した調査結果は約1兆6500億円で、一年半の間に四割、金額にして7千億円増加していた。まだ試算すらできていない原発もあり、費用はさらに膨らみそうだ（二〇一五年五月一七日、東京新聞）。

一年後、この金額はさらに約9千億円が膨れ上がり、3兆3千億円となりました。

原発の稼働に向け、電力11社が見込む安全対策費が少なくとも約3兆3千億円に上ることがわかった。40年超運転を目指す原発で工事費が増え、昨年6月の時点から約9千億円膨らんだ（朝日新聞二〇一六年七月三一日）。

用を終えた原発は解体しなくてもよいし、原発を廃止さえすれば維持費も避難道路も必要ありません。しかも、これら莫大な費用はすべて私たち国民の負担と

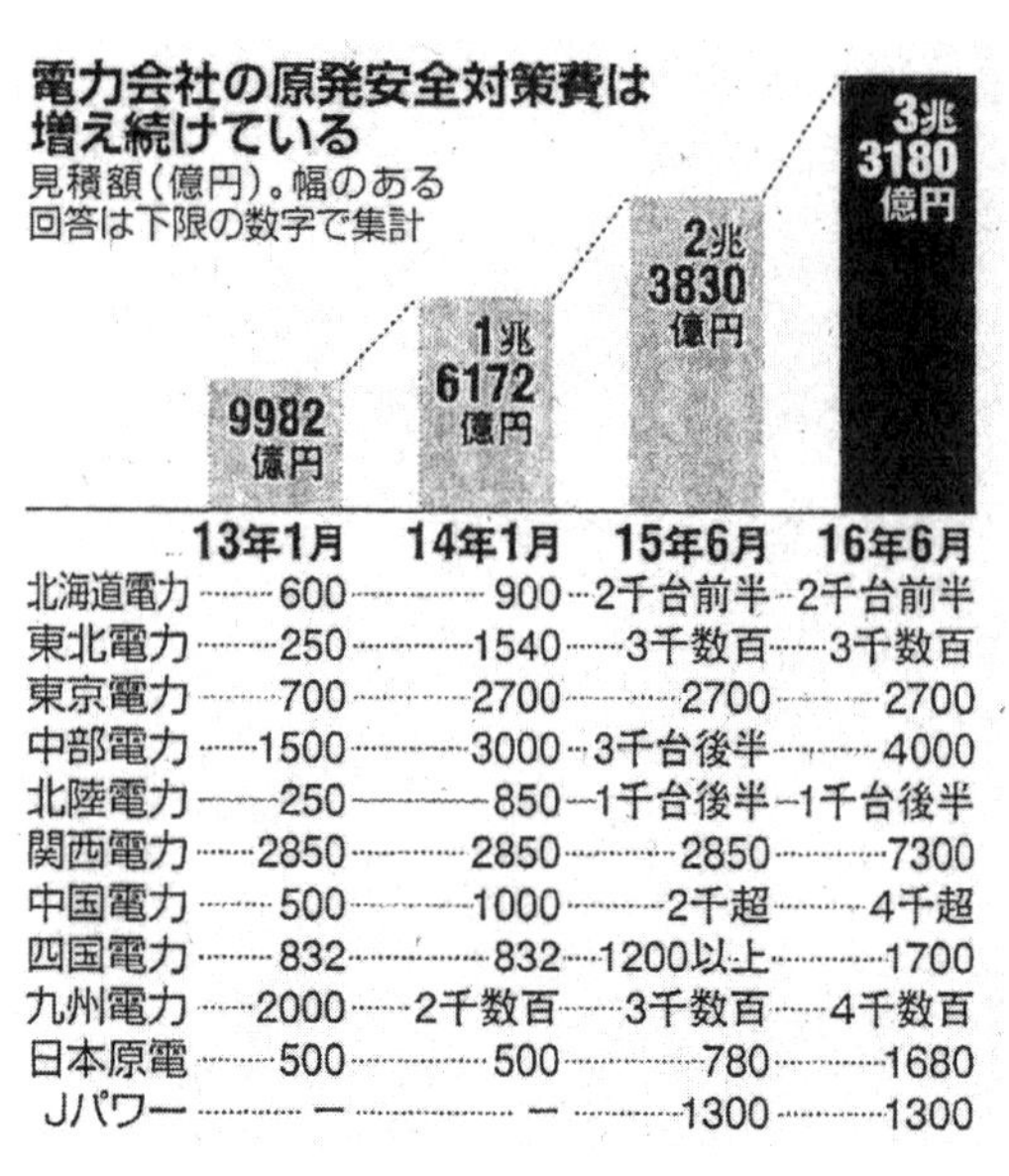

	13年1月	14年1月	15年6月	16年6月
北海道電力	600	900	2千台前半	2千台前半
東北電力	250	1540	3千数百	3千数百
東京電力	700	2700	2700	2700
中部電力	1500	3000	3千台後半	4000
北陸電力	250	850	1千台後半	1千台後半
関西電力	2850	2850	2850	7300
中国電力	500	1000	2千超	4千超
四国電力	832	832	1200以上	1700
九州電力	2000	2千数百	3千数百	4千数百
日本原電	500	500	780	1680
Jパワー	ー	ー	1300	1300

朝日新聞2016年７月31日

なり、国民生活を圧迫するのです。

ビジョンをもたぬ日本の政治家

佐藤栄佐久元福島県知事は二〇〇四年に「原子力安全規制機関の独立性を高めること。核燃料サイクルについては、いったん立ち止まり、国民的議論の俎上に載せたうえで今後のあり方を決めるべき」と主張されていました。

佐藤元知事は「日本の原子力長期計画は、原子力委員会の決定後、閣議報告のみで決められているが、欧州では、原子力政策は国会の議決や国民投票で決められている。専門家による検討を踏まえての国民的な議論、たとえば国会での議論や、欧州などで行われている一般市民が専門家と対話しながら科学的技術を評価する【コンセンサス会議】の開催を、政策決定プロセスに組み込むべき」と提言されたのです。（朝日新聞二〇〇四年十二月二一日）

提言は国に受け入れられるはずもなく、元知事は次のように嘆いていました。

「当初から策定会議委員の多くが業界代表者など再処理推進論者で占められ、適切な議論がなされるのかとの懸念が残念ながら的中してしまった。しかも、市民から寄せられた要請や疑問について検討を行うべきという声は無視された。国民的議論はおろか、専門家同士の詰めた議論もほとんどないまま、国家百年、千年の大計が決められたのである。」

ワールドウオッチ研究所（『地球環境白書』を発行）のk・フレービン所長は「欧米では安全性と経済性の面で原発は衰退産業」と述べ、「日本で脱原発・再生可能エネルギーの推進が難しいのは、政治家にビジョンが無く、リーダーシップをとらないからだ」と述べています。

福島原発事故の直後、石破茂氏は自民党が進めてきた原子力政策について深い反省の意を表し、その見直しにまで言及しました。しかしその反省もつかの間、自民党政府は再び日本を原発依存の社会に戻そうと躍起になっています。そればかりか本来、東京電力が責任を負うべき福島原発の廃炉費用や賠償や除染などに費やす13・3兆円を超える巨額コストを国民に押し付けようとしているのです。NHKの試算ではこの7割以上が国民負担となる見通しです（NHKスペシャル「廃炉への道・膨らむコスト～誰がどう負担していくか」二〇一六年十一月六日）。

大島理森氏（元自民党副総裁）は、事故処理の費用は国民がみんなで負担すべきだと述べています。

福島の第一第二原発で発電されたものは、福島県以外の関東一円で消費されてきた。そういうことを考えると、みんな（国民）でこの問題を乗り切っていこうと。一義的に東電の責任であるこの問題の処理を、国民の皆さんがしてくださるということなんだから、ゆめゆめ（東電は）改革への努力をおこたってはいかんと思いますね。

記者は次のように疑問を投げかけています。

事故が生んだ途方もないコストは一企業では負いきれず国民が負担せざるをえないというのが、この仕組みを作った当事者たちが語ったことでした。しかしそのことが国民に十分に説明され、理解を得てきたといえるでしょうか。

これは、戦時中に「一億火の玉・玉砕」と国民をあおりたて、敗戦後は「一億総ザンゲ」と戦争責任を国民に転嫁してごまかした権力者の詐術と同じです。原発事故の責任を負うべきは東電だけではありません。電力会社や原発メーカーから巨額の政治献金を受け取り、原発推進の旗を振った大島理森氏をはじめとする自民党議員が率先してその費用を負担拠出すべきでしょう。でなければ日本では誰も倫理を語れなくなります。

地域主権を取り戻す

美浜町で40年、孤立の憂愁を甘受しつつ脱原発の運動に半生を捧げてきた松下照幸さんは、「都会の人たちにとっては原発が止まりさえすればそれでよいかもしれないが、地元に住む私たちはそれでは終わらない」と現在の心境を語っています。

原発を受け入れた行政の姿勢に問題があったとはいえ、当初はそれぞれの地域で住民の必死の抵抗がありました。しかし、いったん原発を受け入れてしまうと、原発に依存する歪んだ財政構造、地域経済ができあがってしまいます。原発は危険だと知ってもなお、原発に依存しなければ暮らしが成り立たないと住民の多くが考えるようになったのです。その不幸は、原発を受け入れてしまった地域だけの問題ではありません。地方にこのような不幸をもたらしているこの国のありようこそが根幹から問われるべきではないでしょうか。

二〇一五年春の県議選に挑戦するため、私はその前年から軽トラックに自転車を載せ、選挙区内の中山間地から海辺までをくまなく、有権者と対話をして歩きました。空き家はもちろん老人の一人暮らし世帯も多く、細りつつある集落の現状をつぶさに実見することになりました。生活保護レベルの暮らし向きの家庭も少なくなく、山間地や海辺の集落では「どの家も年寄りばかり。老人長屋になってしまった」「網を引く若い者がいなくなり大謀網漁も続けられなくなる」という怨嗟の声も聞いています。どの集落にもあった日用品を商う小商店が姿を消し、また中心市街地の空洞化も深刻です。

日本の政治の貧困が、山間地や海辺の人々の暮らしを壊してきたのです。空き家の壁に貼られた安倍信三氏の色あせた古いポスター「日本を取り戻す」が、私の心をいっそう虚ろにしたものです。

原発問題は田舎の立地地域の問題と誤解する都市住民が多いのですが、原発問題はすぐれて都市問題なのです。かつて佐藤栄佐久知事の時代に福島県は、国のエネルギー基本計画の中に「大都市問題をはじめとした地域構造の在り方について盛り込むべきである。」と国に要望していました。地方がやせ細り大都市が肥大化するこの国の歪んだ社会構造を是正してゆく「百年の大計」が必要なのです。食料もエネルギーも可能な限り自給できる自立都市を形成すること、その改革努力こそが地方創生と呼べるのです。

ドイツは田舎が元気—豊かさを生む地方自治

松下さんは、自然エネルギーを国策として推進しているドイツを二度訪問しました。帰国して彼が第一番に発した言葉が「ドイツは田舎にゆけばゆくほど元気」でした。松下さんにドイツ行きを勧めた立命館大学のドイツ人教授から「来日した当初、日本に限界集落なるものがあることを知って驚いた」と私は聞かされたことがあります。

『豊かさを生む地方自治・ドイツを歩いて考える』（日本評論社・木佐茂男）によれば、大都市よりも農村部や小都市に高学歴の人が住んでいるのは、田舎に住んでいても子供の教育や医療サービスに不利益がないからだそうです。田舎に深刻な過疎現象はなく、また中心市街地の空洞化の例もないそうです。郊外に大型店舗が突如出現するというようなことは都市計画上ありえないからです。

ドイツ在住中にチェルノブイリ事故に遭遇し、長年ドイツ通信社の仕事をしていた山本知佳子さん（「ベルリンからの手紙」著者）からいただいたメールをここに転記します。

「限界集落」は、中央集権の構造と結びついていると思います。ドイツでは地方分権が根付いているので、それぞれの州が多くの分野で独自の政策を進めることができます。地域に根差したエネルギー自治が可能なのも、そういう背景があるからです。

首都ベルリンも人口は350万人ほどですし、巨大な首都に権力が集中しすぎることはありません。だから地方自治体が、中央政府やその取り巻き企業からの利権・金に頼る必要もないのです。

そして何より、歴史（ナチス）への反省から、市民たち自身が社会をつくりあげていこうという意識が強くあります。ただ上から言われたことに従うのではなく、自分たちが声をあげ、積極的に意志表示して、社会と政治に関わっていくことではじめて、真の意味での市民社会をつくることができる。どういう生き方をしたいのか、どのような希望とビジョンを持っているのかを、人任せにするのではなく、自分たち自身で考え、行動に移すこと。それができなければ、また権力の暴走を許してしまうことになるという共通認識があるのです。

山本さんは、ドイツの脱原発を可能にした原動力について次のように書いています。

市民が声をあげ、意思表示をし、そこから生まれた運動が、今度は緑の党という形で、議会内に政治活動の幅を広げる。その際必要となる専門的研究を、独立した研究機関に集まる研究者たちが継続的に進める。さらにマスコミも批判的な論調を打ち出して、脱原発を望む世論が揺るぎないものになったからこそ、国のエネルギー政策の大きな転換を促すことが可能となった。

ここまで来るのは長く厳しい道のりであったし、脱原発を決めた後も、廃炉や放射性廃棄物、エネルギー供給など問題は山積みである。けれども、政治を動かして明確な脱原発の道筋を切り開いたのが、市民たち自身の力だったことに注目したい。その基本にあるのは、市民が参加することで社会をつくっていく、市民自身が社会の方向を決めるという意識、姿勢だ。」（共著『持続可能なエネルギー社会へ・ドイツの現在、未来の日本』法政大学出版会）。

地方議会は八百長と学芸会

厚顔無恥で無責任な政治屋の闊歩する永田町や霞ヶ関を大改革するには、まずは地方議会や選挙の仕組みを変えてゆかなければなりません。「地域主権改革と地域再生」を提唱した前鳥取県知事の片山喜博氏は、「県議会は八百長と学芸会」と皮肉られていました。

日本の地方議会では、第二報酬と批判されてきた政務調査費の不正使途が次々と明るみになり全国的な問題となっていますが、先進国の議会では、政務調査費どころか議員報酬もわずかしか支給されていません。

米国の地方議員の報酬は月三万円以下。ドイツなどでは、議員報酬はなくコピー代などの実費弁償だけです。**夜間や土日議会を開催し、議員はボランティア**

（実費弁償）で活動しています。選挙費用もほとんどかからず、誰でも議員になれるのです。

日本では「議員に応分の報酬を与えないと悪いことをする」という意見もよく耳にしますが、たとえばドイツでは、行政情報公開が徹底しているため、議員になって入手できる利権がらみの情報などは全くないのだそうです。また、「議員は多忙なのでボランティアでは無理」という意見もありますが、この点については拙著『生き残れない原子力防災計画』で自身の議員体験をもとに詳しく書いていますのでご参照ください。

ドイツの制度が全てにおいて優れていると言うつもりはありませんが、ドイツなど地方分権国家の優れた制度や仕組みに学び、改変してゆかなければこの国に未来はありません。

最後に、私がある大学の授業で使った「公共政策を診断する基本的な考え方」を、掲載しておきます。市民が「地域主権改革と地域再生」の活動に関わる際に、しっかりと身につけておいていただきたい事柄です。

公共政策を診断する基本的な考え方

1 国家百年の大計であるか
- 未来世代に未解決の課題（つけ）＝負の遺産を先送りしてはいないか
- 自然破壊あるいは環境への負荷を与えない配慮がなされているか
- 事業計画が決まる前（事業が可能かどうかを検討する段階）に環境影響評価はなされたか

2 情報公開
- 事業計画が決まる前に費用対効果の経済的な影響や需要予測がなされたか。その情報が住民に公開されているか

3 政策決定過程への住民参加・公正なチェック
- 住民や中立的な専門家が参加しての住民論議は保障されているか
- 住民が決定に影響力をもつ権利を保障されている

か

- 「何もしないこと」を含む代替案の検討や政策の見直しを図る柔軟性（仕組み）はあるか
- 特定の人々（政官業）の利権を排除するための予防システムは確立（機能）しているか
- 事業経過中の評価は行われるか

4
時のアセスメント・事後評価

- 一定の期間を経た後、第三者機関あるいは住民参加による公正な政策評価がなされるか
- 事業途中でも政策の見直しを計ることのできる柔軟性はあるか／メンツまたは既得権益の追求によるゴリ押しが続いてはいないか
- 事後に発見された科学的事実や新知見をもとに見直し前提の客観的評価がなされるか
- 政策の過ちを率直に認めることができるか

あとがき

私は、原発さえ止まればそれで全てよし、などとは考えていません。同じ福井県に住む県民の一人として、原発後の地域振興策を立地地域の市民とともに展望してゆきたいと願っているのです。

中川平太夫元知事（故人）は議会で、若狭が過疎から抜け出すために原発を誘致したと釈明していました。しかし、若狭地方は嶺北地方に比べとりわけ過疎で貧しかったのかというとそれは違います。本書で明らかにしたように60年代の一人当たりの工業製品出荷額や観光客の入り込み数は圧倒的に若狭の方が多かったのです。ところが皮肉にも原発誘致の後しだいに嶺北に追い越され逆転します。これはポスト原発の地域振興策を模索する際の重要な論点ではないでしょうか。

ところで、原発立地市町は、原発の固定資産税収入額を企業秘密として教えません。そこで、関電の原発がある美浜・大飯・高浜の三町に入るそれぞれの固定資産税額については、まず資源エネ庁の計算式を用い

敦賀市の原発関連の事業に携わる方と対話する機会がありました。私が反原発の活動を続けてきた人間であることは先方も承知しています。仕事が減って厳しいという彼に「原発を動かすなと主張する私などはあなたにとって許しがたい存在でしょうね」と訊ねました。意外にも彼は、次のように答えたのです。

「原発は遅かれ早かれ運転を終える日がくる。むしろ、覚悟を決めて業務転換を進めてゆけるので、やめるならやめるとはっきりしてもらったほうがよい。」

原発と共に生きてきた市民の中からも、このように考える人が出てきました。好むと好まざるとに関わらず、これから先も原発に依存してゆけるなどと夢想する市民はほとんどいないでしょう。

て各原発の運転開始年の税額を算出し、3町の受け取り分を割り出しました。その割合で各年度の関電の有価証券報告書に記載された原発の固定資産税額（3町分）を減価償却も考慮しながらそれぞれに按分し推計しました。秘密と言いつつ時おり立地市町の原発の固定資産税額が新聞報道されることがあり、その額が推計額とほぼ一致しました。

これらの資料をもとに本書では、電源三法交付金や固定資産税収入で潤っているはずの原発立地自治体よりも、原発がなくても地方交付税や国庫支出金の額が多いため、原発の町の歳入総額を上まわる町があることを実際の金額で示しました。これは、国からの財源移転（地方交付税・国庫支出金）の割合が原発を持つ町よりも持たない町の方が多いという原発推進派の福井県立大の経済研究者の指摘（嘆き）とも合致します。

また、新潟市議（緑の党）の中山均氏から送っていただいた「新潟日報社」（二〇一五年十二月十四日）は、柏崎刈羽原発が地域経済に与えた影響や貢献度の調査で「原発関連の仕事を定期的に受注したことがある地元企業は1割にとどまった」「原発の存在が地元企業の成長にはつながっていない」と伝えています。本書では、若狭でも同様の報告があることを紹介しておきました。ところで、脱基地をめざす翁長雄志沖縄県知事は、観光や地場産業を育て、建設業以外の地域経済を活性化してゆくことを強調し、沖縄経済界からも支持を得ています。原発立地県においても経済界の覚醒を願うものです。

さて、本書を書き終えた二〇一六年秋、もんじゅの廃止をめぐる議論か浮上し、年明けに廃炉が正式決定しました。文科省から「もんじゅの廃炉で原子力政策全体が立ちゆかなくなる」と牽制された経産省は、国内で高速炉の実証炉を建設すると発表しました。福島原発事故の前から、「もんじゅ」だけは絶対ダメという国民が圧倒的に多いのです。自身の首をかけて実証炉を引き受ける自治体首長などいるでしょうか。

一方、もんじゅの運転継続を望んでいた知事は、もんじゅが廃炉になった場合、廃棄物は県外に搬出することを国に要求するそうです。これも虫のいい話で、誘致した福井県の責任については眼をつぶるのかと反駁され、県外からの賛意は得られないでしょう。

同年十一月にベトナム政府が「(日本製)原発建設計画の白紙撤回の決議案」を国会に提出し可決されました。建設費の高騰と財政難、廃棄物の懸念などが撤回の理由で、「もしこのような大規模プロジェクトに投資を続けると、公的債務がさらなるリスクとなる」と危機感を持った政府が決議を提案したそうです。市場主義経済の米国で原発が淘汰されてゆくのは当然の成り行きですが、ベトナムのような共産党一党独裁政権のもとでも原発は財政の重荷になるのです。ベトナムの政界はまだ、中国や日本のように政治家が政治献金であまねく汚染されてはいないのでしょう。

同年十二月、原子力事業を収益の柱とする東芝が米国でまた巨額(数千億円)の損失、の報道が流れました。前年に買収した子会社が建設中の原発四基のコストが膨らんだためです。会社もマスコミも、福島事故の影響で安全対策コストがかさんだためと説明しますが、そもそも二〇〇六年に米国の原発メーカーWH社を買収した時点で東芝の経営リスクは高まっていたのです。

二〇〇五年にブッシュが原発建設の優遇策(政府が債務保証で支援)を打ち出し、30基の建設ラッシュと騒がれましたが、当時、私のような素人でも東芝経営陣は時局を見誤ったと直感しました。まもなくエクセロンなど大手4社が計画を中止。州政府から電気料金の値上げを認められず建設を中断する会社や、州法の改正で運転前の建設費を電気料金に転嫁できなくなり断念する会社も続出しました。

すでにこの流れはカーター大統領が一九七八年にパーパー法(自然エネ促進法)を成立させた頃から始まっていました。かつて米国の電力会社社長が「原発でただのような電気ができると政府にだまされた。核廃棄物で悩んでいる」と嘆く映像の一こまを思い出します（NHK『いま、原子力を問う』一九八九年）。

米国と日本との違いは何か。一つは、地方政府の裁量権が大きい米国に対し、日本は中央集権的で「地方自治」が機能していません。もう一つは、政治家のビジョンとリーダーシップの欠如です。パーパー法はスリーマイル島事故の前年に成立しました。問題が起きてから動き出す日本の政治は三流です。電力自由化の進んだ米国では三千数百の電力会社が電気を自由競争で売買しており、安全コストもすべて電力会社の負担です。他方、日本政府は電力会社を庇護する半端な電力自由化でお茶を濁しています。日本の原発も莫大な安全コストがかかっていますが、その費用は電力料金に転嫁されて国民が負担する仕組みなのです。

それどころか日本政府は、福島第一原発の廃炉費用と賠償と除染などにかかる費用二一・五兆円を国民に負担させようとしています。さらに、他の原発の廃炉費用の一部も電力料金に上乗せし、これらの負担を国民に押し付けようとしているのです。

さて、規制委員会は、美浜3号機など40年を越えた老朽原発の再稼動を認めました。そもそも「40年廃止」にも技術的根拠はなく、あくまでも民主党政権下での政治的妥協の所産にすぎません。WH社（関電の原発）は、耐用年数を30年として設計しているのです。

また、工学的には機器の老劣化した原発がより危険であることは言を待ちませんが、新しい原発なら安全とはいえません。一九七九年に炉心溶融事故を起こしたスリーマイル島原発2号機は、運転開始3ヶ月足らずの新鋭機です。一九八六年に核暴走事故を起こしたチェルノブイリ4号炉も運転を開始して2年半目の新しい原発でした。

老朽劣化が原因の象徴的な事故に、一九九一年の美浜2号機（運転19年目）の蒸気発生器の細管破断事故があります。炉心冷却水が五十数トンも失われ炉心溶融事故の一歩手前で、資源エネ庁が日本でも過酷事故はありうるとはじめて認めた事故でした。この事故の本質的な深刻さは、「破断事故は起きる」と市民が警鐘を鳴らしていたにもかかわらず、国も県も関電も「運転中の破断は絶対にない」と言い切っていたところにあります。そして、福島原発事故のはるか前から、私たち市民は「原発震災」の警鐘を鳴らしていました。

一九九五年のもんじゅのナトリウム火災事故も、核燃サイクルの破綻も然り、警鐘は鳴らされつづけていたのです。

今日どの世論調査を見ても、原発の再稼動を良しとしない国民が多数であるにもかかわらず、再稼動を推し進める安倍首相やその閣僚たちは、民意に耳を貸さないことが政治家のリーダーシップと勘違いしているのではないでしょうか。困難な時代ですが、しかし、希望は見えています。

本論でもとりあげた佐藤栄佐久元福島県知事や、片山義博元鳥取県知事（慶応大学教授）、高レベル廃棄物処分場を拒否した橋本大二郎元高知県知事、芦浜原発計画を白紙撤回した北川正恭元三重県知事（早稲田大大学院教授）、原発の運転再開に同意しなかった泉田裕彦元新潟県知事、そして辺野古の埋め立てに敢然と立ち向かう翁長雄志沖縄県知事。民意に寄り添い中央政権の言いなりにならなかった知事がほぼ同時期にこれだけ世に出ています。いずれも保守の政治家です。彼らを選んだ、人としてあたり前の判断ができる多くの国民がこの国に存在することに私は希望をつなぎたいと思います。

最後に、出版不況のおり、また、御自身の体調も優れない中、私のつたない原稿を喜んで編んでくださった白馬社の西村社長に感謝申し上げます。

山崎隆敏（やまざき　たかとし）
1949年福井県生まれ。
1975年３月　龍谷大学文学部大学院国史科修士課程退学
同年、家業の越前和紙販売業に従事
1995年８月　今立町議会議員に初当選

●著書（単著）
『福井の月の輪熊と原発』八月書館（1990年11月）
『福井のイヌワシと原発』八月書館（1993年11月）
『福井の山と川と海と原発』八月書館（2010年６月）
『生き残れない原子力防災計画』白馬社（2010年８月）

●論文
「美浜２号炉事故は人為ミスか」月刊『状況と主体』５月号（1991年４月）
「リゾート列島・保安林のスキー場開発」㈶日本自然保護協会『自然保護』７月号（1991年７月）
「チェルノブイリ・被曝地を訪ねて（上）（下）」福井新聞1993年９月10日・11日
「病んだ大地・ベラルーシを行く（５回連載）」毎日新聞・福井県版1993年９月22日〜10月５日
「原発の総括―県民の側からの」毎日新聞1993年９月２日掲載
「列島開発を検証する・原発誘致の収支決算」月刊誌『話の特集』８月号（1994年７月１日）
「原発を地域振興の柱に据える愚」毎日新聞『私見・直言』1995年６月１日
「もんじゅ事故について」月刊『状況と主体』２月号（1996年１月20日）
「福井で高まる脱原発志向」『週刊金曜日』（1998年４月17日）

なぜ「原発で若狭の振興」は失敗したのか

2017年４月15日　初版発行
2017年７月15日　初版第二刷発行

著　者　山崎隆敏
発行者　西村孝文
発行所　株式会社白馬社
〒612-8105 京都市伏見区中島河原田町28-106
電話 075-611-7855
FAX 075-603-6752
URL　http://www.hakubasha.co.jp
E-mail　info@hakubasha.co.jp
印　刷　モリモト印刷株式会社

 ISBN978-4-907872-15-1